벌지 전투 1944 (1)

Campaign 115 : The Battle of the Bulge 1944 (1) St Vith and the Northern Shoulder
by Steven J. Zaloga

First published in Great Britain in 2003, by Osprey Publishing Ltd.,
Midland House, West Way, Botley, Oxford, OX2 0PH.
All rights reserved.
Korean language translation © 2018 Planet Media Publishing Co.

KODEF 안보총서 97

벌지 전투 1944 (1)

생비트, 히틀러의 마지막 도박

스티븐 J. 잴로거 지음 | 하워드 제라드 그림 | 강민수 옮김 | 한국국방안보포럼 감수

플래닛미디어
Planet Media

1990년대 초, 그런대로 제대로 된 군사관련 기사 또는 서적이 출간되기 시작한 이래 군사 마니아들을 상대로 다양한 읽을거리들이 나왔다. 감수자 또한 이러한 읽을거리를 보급하던 한 사람으로서 우리나라 군사서적의 수준을 향상시키는 데 노력해왔다.

하지만 민간 마니아들은 한정된 독자들을 대상으로 한정된 자본만을 가지고 군사관련 서적을 출간했기 때문에, 이런 서적들을 하나의 '출판물'이라는 시각으로 본다면 책으로서의 기본적인 모양새를 제대로 갖추지 못한 '싸구려 책'의 범주를 벗어나지 못하는 것이 많아 아쉬움이 컸던 것도 사실이다.

따라서 최근 대중적인 출판물을 출간하는 출판사에서 서적의 모양이나 발간절차 등 제대로 된 모양새를 갖춘 책들을 하나 둘 내기 시작하는 것은 우리나라 군사관련 서적의 수준 향상에 있어서 아주 긍정적인 현상이라고 생각할 수 있다.

제2차 세계대전 굴지의 전투 가운데 하나인 '벌지 대작전'을 해설한 이 책은 그동안 절반 이상이 픽션으로 채워진 일부 영화와 기사들이 알려주던 단편적인 지식에서 벗어나 이 전투의 전체를 제대로 가르쳐주는 우수한 책이라고 생각한다. 또한 등장한 군사무기나 지명, 인물들에 대한 정확한 번역에 대해서는 군사 마니아의 한 사람으로서 높이 평가하고 싶다.

제2차 세계대전 유럽 전선에서 유명한 전투들은 스탈린그라드 공방전, 쿠르스크 전투, 노르망디 상륙작전, 몬테카시노 전투 같은 것들이 있는데, 벌지 전투 또한 유명도에서는 이들 전투들과 어깨를 나란히 한다고 할 수 있다.

파죽지세로 진격하면서 1944년 크리스마스 이전에 전쟁을 끝낼 수 있을 것이라며 낙관하던 연합군의 의표를 찌른 독일군의 대반격 작전은, 사실 동원할 수 있는 모든 자원을 쥐어짜내어 요즘 말로 "올인"을 한 작전이었지만, 성공할 가능성이 거의 없는 무모한 작전이었다는 점에서 참으로 드라마틱한 면이 많다. 또한 독일군과 연합군 양측이 정예병들을 동원하여 질서정연하게 힘으로 맞선 대결이 아니라, 오합지졸의 독일군과 의표를 찔려 당황하는 연합군이 서로 실수를 거듭하면서 이리저리 뒤엉켜 싸운 전투라는 면에서도 흥미를 자아낸다. 그리고 "유럽에서 가장 위험한 사나이"라는 오토 슈코르체니의 특수부대의 활약, 미군으로 위장한 병사와 차량들, 101공수사단을 중심으로 한 바스토뉴의 필사의 공방전 등도 극적인 효과를 높여주고 있다.

훗날의 시각으로 본다면 독일군이 이런 장비들을 가지고 본토방위에 주력하는 편이 훨씬 나았을 것이라는 견해가 대부분이다. 역사에 있어서 가정은 부질없는 것이지만, 만일 독일군이 벌지 대작전을 벌이지 않고 본토수비에 주력했다면 이후 전황은 어떠했을까?

사실 독일군의 '주적'은 미영 연합군이라기보다는 소련이었다. 1944년의 히틀러 암살사건 당시에도 암살을 주도한 장군들의 계획은 히틀러를 제거한 뒤 미영과는 화친을 시도하더라도 소련과는 계속 전쟁을 벌인다는 것을 분명히 하고 있었다. 벌지 대작전에서 독일이 남은 장비를 모두 긁어 모았다고는 하지만, 사실 가장 우수한 병기들은 대부분 동부전선에 투입된 상태였다.

기갑전투만 보더라도 독일군이 상대하는 적은 동부전선과 서부전선에서 근본적으로 차이가 있었다. 서부전선에서 비록 미군의 항공전력에 압도당하기는 했어도 독일 기갑부대의 상대는 셔먼전차 같은 빈약한(?) 차량들이 대부분이었던 반면, 동부전선에서 상대하는 기갑차량은 무지막지하기가 독일군 티거전차에 전혀 뒤지지 않는 스탈린중(重)전차 시리즈를 비롯, 85밀리미터포를 장비한 T-34/85 등으로 차원이 달랐다.

이 때문에 압도적인 수를 자랑하는 소련군에게 아무리 필사적으로 대항해도 결국은 독일군이 밀렸을 것이고, 서부전선에서 밀려오는 미영 연합군을 국경에서 막았다면 오히려 소련군들이 독일 전토를 석권하는 기회를 주었을지도 모른다. 그러므로 벌지 대작전이 전후 서독이 성립하는 데 간접적인 공헌(?)을 했다고 생각한다면 지나친 억측일까?

현대의 병기와 전술의 근원은 대부분 제2차 세계대전에서 나왔다고 할 수 있다. 이런 면에서 제2차 세계대전은 잊혀진 옛날의 전쟁이 아니라 그 자체로 우리에게 많은 배울 점을 주는 귀한 자료들을 넘치도록 담고 있다. 그리고 6년 동안이나 직접 전쟁을 체험한 사람들은 병기 성능의 극한을 추구하여 짧은 기간에 엄청난 발전을 이룩했으며, 이런 비약적인 기술향상은 모두 현대병기 기술의 바탕이 되었다(대전 초기의 독일군 1~2호 전차와 전쟁 말기의 쾨니히스티거를 비교해보면 실감이 날 것이다). 이것이 제2차 세계대전을 잊혀진 전쟁으로 무시할 수 없는 이유이다.

제2차 세계대전에 대한 올바른 이해를 위해서 이런 책은 반드시 필요하다고 생각한다. 앞으로도 이런 우수한 제2차 세계대전 번역물들이 많이 나와주고 대중들의 사랑을 받아주기를 군사애호가의 한 사람으로서 간절히 바란다.

유승식(전 <군사정보> 발행인)

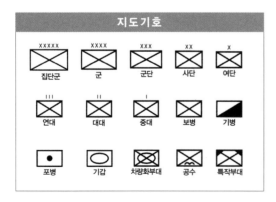

| 차 례 |

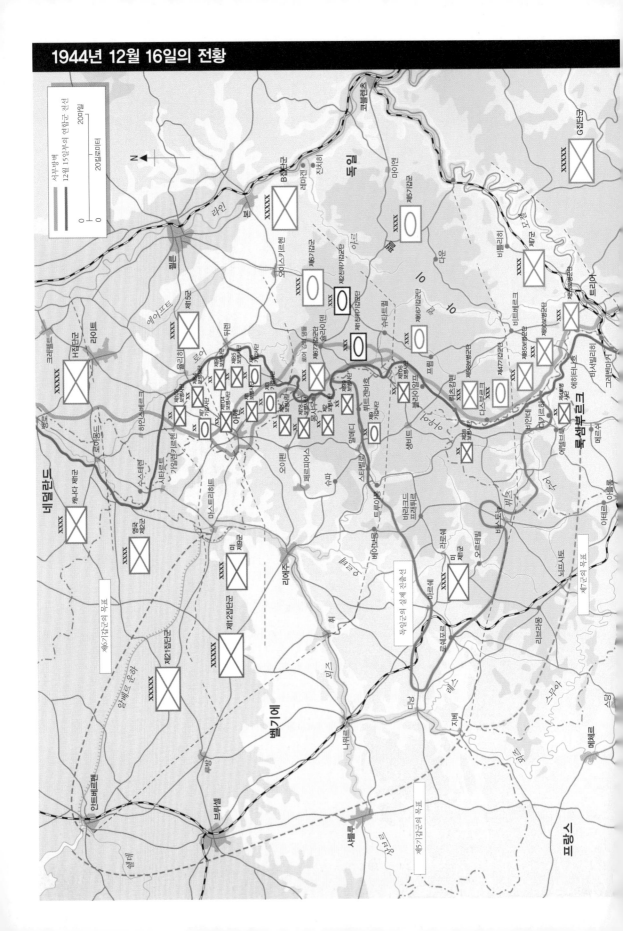

1944년 12월 16일의 전황

벌지 전투의 배경

'벌지 전투'라고 하면 보통 전설적인 '바스토뉴(Bastogne) 방어전'을 떠올린다. 하지만 사실 1944년 12월 벨기에(Belgium)에서 벌어진 벌지 전투의 결과에 가장 결정적인 영향을 미쳤던 전투는 아르덴(Ardennes) 돌출부(영어로는 'Bulge'. '벌지 전투'라는 이름도 여기에서 유래 됨−옮긴이) 북부에 위치한 생비트(St Vith)를 둘러싸고 벌어진 전투였다. 생비트 전투는 그동안 바스토뉴 방어전의 유명세에 가려 별다른 조명을 받지 못했다.

'벌지 전투'는 히틀러의 필사적인 마지막 도박이었다. 히틀러는 뫼즈 강을 도하한 후 연합군의 보급항인 안트베르펜(Antwerpen)까지 진출하여 연합군 전선을 분단시킨다는 야심찬 계획을 세웠고, 그가 총애하는 무장 친위대(Waffen-SS) 기갑사단들에게 안트베르펜으로 가는 최단거리 통로를 확보하라는 명령을 내렸다.

경애하는 총통의 마지막 도박을 위해, 제프 디트리히("Sepp" Dietrich) 친위상급대장의 제6친위기갑군(6th SS-Panzer Army)을 선봉으로 독일 전

1944년 12월 13일 로어(Roer) 강의 댐들을 공격하기 위해 크린켈트(Krinkelt)의 숲속을 이동중인 제2보병사단 9보병연대 소속 병사들. 그로부터 며칠 후, 제9보병연대 1대대 병사들은 다시 이 지역으로 돌아와 크린켈트 외곽의 라우스델(Lausdell) 교차로에서 진격하는 제12친위기갑사단(12th SS-Panzer Division)을 막아서게 된다.(NARA)

체 기갑전력의 3분의 2가 아르덴 전선 북부지역에 집결했다. 반면, 바스토 뉴와 마주보고 있는 남부지역에는 기갑부대의 지원을 전혀 받지 못하는 빈약한 보병부대로 구성된 제7군(7th Army)이 배치되었다.

하지만 공세가 시작된 후 열흘이 지나도록 제6기갑군이 작전목표를 달성하지 못함에 따라 히틀러의 작전계획은 완전히 뒤틀려버렸다. 결국, 온갖 수단을 다 동원하고도 북부지역에서 안트베르펜으로 가는 루트를 끝내 뚫을 수 없었던 독일군은 하소 폰 만토이펠(Hasso von Manteuffel) 대장이 지휘하는 제5기갑군이 담당한 중부지역으로 공세의 초점을 옮겼다.

제5기갑군은 남쪽의 바스토뉴 지역을 경유하는 다소 우회적인 진격로를 택하여 공격기세를 회복하고자 했으나 크리스마스가 될 때까지 별다른 진전을 이루지 못했고, 결국 전세의 주도권은 미군으로 넘어가게 되었다. 이쯤되자 이제 연합군의 관건은 '독일군의 공세를 물리칠 수 있는가, 없는가' 가 아니라 '독일군을 언제 밀어붙일 것인가' 가 되었다.

이 책은, 벌지 전투에서 가장 결정적인 기간이었던 '공세 시작 후 열흘' 동안의 벌지 북부지역의 전황에 초점을 맞추면서, 독일 제6기갑군의 공격과 생비트에서 엘젠보른(Elsenborn) 능선에 이르는 지역에서 미군이 펼쳤던 방어전을 집중적으로 다룰 것이다.

1944년 가을, 서부전선의 전황은 독일 국경지대에서 지지부진한 양상을 띠고 있었다. 그해 여름, 프랑스에서 독일군을 궤멸시키고 9월에는 베네룩스 3국을 휩쓸며 파죽지세로 진격했던 연합군은 독일 국경지대에서 보급선이 한계에 다다랐다. 북쪽에서 버나드 몽고메리(Bernard L. Montgomery) 원수의 제21집단군(21st Army Group)이 안트베르펜 항(港)을 점령하기 전까지, 연합군은 독일군 방어선에 대해 효과적인 공격을 가할 수 없었다. 12월 초, 마침내 안트베르펜을 점령함으로써 안정적인 보급항을 확보하고 나서야 연합군은 새해 공세준비를 시작할 수 있었다.

이 무렵 브래들리(Omar Bradley) 중장은 휘하의 제12집단군을 아헨

(Aachen)에서 자르(Saar)에 이르는 서부방벽 요새선(Westwall, 혹은 Sieg-fried Line, 지크프리트 선—옮긴이)을 따라 전개시켜놓고 있었다. 이 구역에서 연합군의 관심의 초점이 됐던 것은 아헨 동쪽의 로어 강에 건설된 댐들이었다. 이 댐들을 확보하지 못할 경우, 연합군이 로어 강을 도하하려고 시도할 때 독일군이 수문을 개방하여 수공(水攻)을 가할 위험이 있었기 때문이었다.

이런 이유로 그해 11월 내내 연합군은 반복해서 로어 강으로 진출하려고 시도했다. 아헨 동쪽의 습지대에 대한 기계화부대의 공격과 휘르트겐(Hürtgen) 숲에서 벌어진 일련의 피비린내 나는 전투들도 바로 그러한 시도의 일환이었다. 악전고투 끝에 12월 중순이 되자 코트니 하지스(Courtney Hodges) 중장의 제1군이 로어 강의 서쪽 제방에 도달하는 데 성공하지만, 그 과정에서 연합군은 막대한 인명과 장비의 손실을 입어야 했다.

한편, 남부지역에서는 조지 패튼(Geroge S. Patton) 중장의 제3군이 로렌(Lorraine)에서 자르 방면을 향한 공세를 펼치고 있었다. 그러나 이렇게 여타 전선에서 치열한 전투가 벌어지고 있던 와중에도 아르덴 지역은 가을 내내 별다른 전투 없이 조용한 '유령 전선(ghost front)'으로 남아 있었다.

독일군의 입장에서 당시 전황은 정말 "미래가 보이지 않는 상황"이었다. 서부전선의 독일군은 1944년 9월에 이미 거의 붕괴된 상태였지만, 연합군의 보급선이 한계에 부딪힘에 따라 서부방벽의 방어선을 강화할 수 있는 여유를 얻었다. 또 다행히도, 10월과 11월에 걸쳐 계속된 악천후 때문에 연합군은 제대로 된 지상공격이나 항공작전을 펼칠 수 없었고 덕분에 독일군은 서부방벽 방어선을 유지할 수 있었다. 그러나 연합군의 본격적인 공세가 재개되었을 때 이 방어선이 계속 유지되리라고 생각하는 독일군 지휘관은 히틀러밖에 없었다.

한편, 동부전선에서는 8월부터 소련군이 독일 영토에 대한 최종공세 준비에 들어감에 따라 잠시 소강상태가 유지되고 있었다. 가을 동안 동부전

선의 움직임은 주로 헝가리와 같은 주변부에 국한되었지만, 새해가 되면
소련군의 무지막지한 전면공세가 시작되리라는 사실에는 의심의 여지가
없었다.

벌지 전투의 시간별 진행 상황

1944년 9월	히틀러가 아르덴 공세계획을 최초로 언급하다.
10월 11일	요들(Jodl)이 '라인수비작전(Wacht am Rhein)'이라는 암호명으로 작성된 아르덴 공세계획 초안을 히틀러에게 제출하다.
10월 22일	독일 고위지휘관들에 대한 아르덴 공세작전계획의 브리핑이 실시되다.
11월 초	독일군이 아르덴 공세를 위해 아이펠(Eifel) 지역으로 이동을 시작하다.
11월 중순	미 제99사단이 아르덴 지역에 도착, 몽샤우(Monschau) 구역의 방어임무를 인수하다.
12월 9일~10일	미군 G-2정보참모부가 "독일군의 즉각적인 공세 위협은 없다"고 판단하다.
12월 10일	미군이 발러샤이트(Wahlerscheid) 인근지역을 목표로 로어 강 댐 점령을 위한 또다른 공세를 시작하다.
12월 11일	미 제106사단이 생비트 인근에 도착, 제2보병사단으로부터 슈네아이펠(Schnee Eifel) 지역의 방어책임을 인수하다.
12월 16일 04:00시	독일 제5기갑군 소속 척탄병부대가 슈네아이펠 지역을 통과, 미군 전선의 후방으로 침투하기 시작하다.
12월 16일 04:30시	아르덴의 미군 전초진지에 대한 공격준비사격과 함께 '가을안개(Herbstnebel) 작전'이 시작되다.
12월 16일 07:00시	독일군의 공격준비사격이 종료되다.
07:00시~08:00시	독일군 척탄병부대의 진격이 시작되다.
12월 16일 오후	로버트슨(Robertson) 소장이 연합군 전선의 측면을 강화하기 위해 제2사단을 크린켈트 방면으로 재배치하기 시작하다. 독일 제3팔쉬름애거사단(3rd Fallschirmjäger Division)이 란체라트(Lanzerath)를 점령하다. 크레빈켈-로스하임 간격(Krewinkel-Los-heim Gap)이 개방되다.
12월 16일 오후~저녁	미들턴(Middleton) 소장이 제9기갑사단 B전투단(CCB/9th Armored Division)을 제106사단 방면으로 투입하다. 오마 브래들리 중장이 제7기갑사단을 제8군(VIII Corps)에 배치하다. 아이젠하위(Eisenhower)가 제18공수군단(XVIII Airborne Corps)의 아르덴 투입을 승인하다.
12월 16일 저녁	독일 제277국민척탄병사단이 크린켈트 삼림지대의 돌파에 실패하다. 이에 헤르만 프라이스(Hermann Preiss) 친위중장이 다시 제

	12친위기갑사단 히틀러유겐트(12th SS-Panzer Division Hitlerjugend) 에게 전차대를 투입하여 돌파하라는 명령을 하달하다.
12월 17일 03:30시	파이퍼(Peiper)전투단이 부흐홀츠(Buchholz)로 진격을 시작하다.
12월 17일 09:00시	독일 제18국민척탄병사단이 쇤베르크(Schönberg)에 도달하면서 미 제106사단이 포위되다.
12월 17일 15:00시	독일 제12국민척탄병사단이 마침내 로스하이머그라벤(Losheimer- graben)을 점령하다.
12월 17일 15:00시	파이퍼전투단이 바우그네츠(Baugnez) 교차로에서 미군 포로들을 학살하다.
12월 17일 18:00시	파이퍼전투단이 스타벨로(Stabelot) 인근에서 정지하다.
12월 17일 24:00시	독일 제12국민척탄병사단이 뮈링엔(Mürringen)을 점령하다.
12월 18일 07:00시	파이퍼전투단이 스타벨로에 대한 공격을 시작하다.
12월 18일 10:00시	파이퍼전투단이 스타벨로를 점령한 후 진격을 속행하다.
12월 18일 12:00시	트루아퐁(Trois Ponts) 지역의 교량이 폭파됨에 따라 파이퍼전투 단이 할 수 없이 라글레즈(La Gleize)로 이동하다.
12월 18일 오후	파이퍼전투단이 라글레즈에 도착, 베어보몽(Werbomont)으로 향 하는 통로를 찾기 위해 정찰대를 파견하다.
12월 18일 저녁	제12친위기갑사단 히틀러유겐트가 크린켈트-로쉐라트(Krinkelt- Rocherath) 쌍둥이마을의 점령에 실패하다. 이에 프라이스 중장이 히틀러유겐트사단에게 다시 서쪽으로 이동할 것을 명령하다. 로 버트슨 소장이 크린켈트-로쉐라트 지역에서 물러나 엘젠보른 능 선으로 후퇴하기로 결정하다.
12월 19일 02:30시	제12친위기갑사단 히틀러유겐트가 돔 뷔트겐바흐(Dom Bütgen- bach) 교차로에서 미 제1보병사단("Big Red One")에 대한 최초의 본격적인 공격을 시작하다.
12월 19일	아이젠하워가 미군 고위지휘관들과 회동, 독일군의 공격에 대한 향후 대응계획을 논의하다.
12월 19일 12:00시	미군이 스타벨로를 탈환하고, 파이퍼전투단이 고립되다.
12월 19일 오후	미 제7기갑사단 B전투단(CCB/7th Armored Division)이 생비트 인 근에 전개를 시작하다.
12월 21일	제12친위기갑사단 히틀러유겐트가 돔 뷔트겐바흐에 대한 공격을 포기하다.

12월 22일 08:00시	슈코르체니(Skorzeny) 중령의 제150기갑여단(Panzer Brigade 150)이 말메디 공격에 실패하다.
12월 22일	몽고메리 장군이 아르덴 돌출부 북부지역의 미군부대 지휘권을 인수하다.
12월 23일 06:00시	미군이 생비트에서 철수를 시작하다.
12월 24일 02:00시	파이퍼전투단이 라글레즈에서 탈출을 시작하다.

| 양측 전투계획 |

:: 독일군의 계획

히틀러가 아르덴 공세의 구상을 떠올린 것은 1944년 7월 20일의 암살미수 사건으로 입은 부상에서 회복될 무렵이었다. 알프레트 요들(Alfred Jodl) 독일국방군 작전참모장이 별 생각 없이 "연합군 전선에서 가장 취약한 부분은 아르덴 지역"이라고 한 말은, 히틀러에게 1940년 프랑스 전역(戰役)을 놀라운 승리로 이끌었던 뫼즈 강 도하와 잇따른 과감한 기갑부대의 진격을 상기시켜 주었다.

1944년 말 독일의 상황은 절망적이었지만, 히틀러는 서부전선에서 한 차례 결정적인 승리를 거둔다면 전쟁의 향방을 바꿀 수 있으리라고 확신했다. 독일군이 실제로 그럴 능력이 있는가는 전혀 생각하지 않고 히틀러는 자신의 망상 속에서, 영국과 미국의 동맹은 매우 취약하므로 (독일군이 1940년에 영불英佛군을 갈라놓고 됭케르크에서 영국군을 쫓아냈듯) 두 나라 군

1944년 12월 13일, 발러샤이트 인근에 있는 "단장의 교차로(Heartbreak Cross-roads)"로 가는 길목에서 벌어진 전투 중 눈덮인 도랑에 몸을 숨기고 있는 제9보병연대 병사들.

대를 갈라놓을 수만 있다면 연합군 전선을 붕괴시키는 것과 동시에 서부 전선에 배치된 연합군 사단의 3분의 1에서 잘하면 절반까지는 섬멸할 수 있을 것으로 생각했다. 어차피 동부의 러시아 전선이나 남부의 이탈리아 전선에서는 그런 공세를 취할 여지가 전혀 없는 상황이었으므로, 히틀러는 즉각 요들에게 구체적인 작전계획을 세우라고 명령했다. 그리고 1944년 10월 11일, 요들은 최초의 작전계획안을 히틀러에게 제출했다.

독일군의 아르덴 공세계획은, 그때까지 실시했던 수 차례의 반격작전에서 얻은 경험을 토대로 한 것이었다. 독일군은 지난 8월 초의 모르탱(Mortain), 9월의 로렌(Lorraine) 지역에서 진격해오는 미군에 맞서 기갑부대를 앞세우고 반격을 가했지만 모두 실패하고 말았다. 두 전투 모두 독일군이 약간의 수적 우세를 점하고 있었지만, 그것만으로는 미군의 포병과 항공전력상의 압도적 우위를 상쇄할 수가 없었다. 따라서 히틀러는 이번 아르덴 작전에서만은 인력과 물자 모든 면에서 미군에 대해 압도적인 우위를 확보해야 한다는 결론을 내렸다.

26

벌지 북부지역의 아이펠에서 뻗어나오는 농로(農路)들은 독일군 전차대들이 통과하자마자 곧 진흙구덩이가 되고 말았다. 일단의 독일군 병사들이 제1친위기갑군단(1st SS-Panzer Corps)이 사용하다 진창에 빠뜨려버린 노획 지프를 꺼내기 위해 애쓰고 있다.(MHI)

아르덴 전선을 지키고 있던 미군의 전력은 4개 사단에 불과했지만, 히틀러는 이를 돌파하기 위해서는 약 30개 사단이 필요하다고 생각했다. 그러나 독일국방군(Wehrmacht)은 이미 1944년 노르망디와 프랑스에서 격전을 치르는 동안 거덜이 난 상황이었고, 1944년 11월 말 이전까지는 도저히 그런 대규모의 병력을 집결시킬 수 없었다. 하지만 작전의 지연이 꼭 나쁜 것만은 아니었다. 늦가을이 되면서 악천후로 인해 연합군 공군의 활동이 크게 위축되었기 때문이었다.

처음에는 '라인수비(Wacht am Rhein)'라고 명명되었던 이 작전에서 가장 중요한 요소는 바로 완벽한 보안의 유지였다. 1944년 7월의 암살 및 군사쿠데타 기도 사건 이후 히틀러는 독일국방군 지휘관들에 대해 병적인 불신을 품게 되었다. 따라서 공세계획의 세부사항은 반드시 알아야 할 필

요가 있는 최소한의 관계자들에게만 공개
되었다. 늦가을에 시작된 병력 및 물자의
국경지대 수송작전 역시 대외적으로는 '새
해에 시작될 것으로 예상되는 연합군의 라
인 강 도하 및 차기 공세에 대한 대비용' 이
라고 공표되었다.

독일군의 공세가 펼쳐질 지역은 미군 방
어선에서 가장 취약한, 아르덴의 남쪽 몽샤
우(Monschau)에서 북쪽 에히터나흐(Echter-
nach)에 이르는 약 60킬로미터 구간이었다.
독일군이 장악하고 있던 인근의 아이펠
(Eifel) 지역은 울창한 삼림지대였고, 이는
연합군의 항공정찰로부터 독일군의 신예부
대를 숨길 수 있는 천혜의 집결지를 제공해
주었다.

휘하 병사들로부터 "오버 제프(Ober Sepp)"라는 별명으로 불
린 요제프 제프 디트리히(Josef "Sepp" Dietrich) 친위상급대
장. 디트리히는 공세의 주력인 제6기갑군의 지휘를 맡았다.
(NARA)

공세에는 총 3개 군이 동원될 예정이었
다. 공격 전면의 북부와 중앙부에 각각 1개
기갑군이 배치되고, 남부에는 연합군의 반
격을 차단하기 위해 비교적 전력이 떨어지
는 보병 위주의 1개 군이 배치될 계획이었다.

히틀러는 자신이 신뢰하는 무장친위대의 기갑사단만으로 작전을 수행
하고 싶어했지만, 친위대만으로는 도저히 필요한 전력을 구성할 수가 없
었다. 결국 히틀러는 핵심적인 북부지역의 공격은 제6친위기갑군에게 맡
기기로 하고, 이와 병행하여 이루어지는 중앙지역의 공격은 제5기갑군이
수행하도록 하였다.

제6친위기갑군이 맡은 몽샤우에서 생비트에 이르는 구역은, 뫼즈 강을

제5기갑군의 지휘를 맡은 하소 폰 만토이펠 대장(왼쪽)이 B집단군 사령관 발터 모델(Walter Model) 원수(오른쪽), 서부전선 기갑부대 총감 호르스트 슈툼프(Horst Stumpf) 중장(가운데)과 담소를 나누고 있다. (MHI)

건너 리에주(Liège)를 지나 안트베르펜으로 가는 최단거리 통로를 확보할 수 있다는 점에서 가장 중요한 지역이었다. 독일군의 작전입안자들은, 이 지역에 위치한 미 제1군의 주요 보급소를 점령함으로써 미군의 대응을 약화시키는 것은 물론 여기서 확보한 물자를 바탕으로 더욱 강력한 공세를 가할 수 있을 것으로 믿었다.

바스토뉴로 진격하게 될 남쪽의 제7군은 북쪽과 중앙의 제6기갑군 및 제5기갑군과는 달리 거의 기갑부대의 지원을 받지 못했고 따라서 전력도 공격부대 가운데 가장 약했다. 이러한 배치는, 이번 아르덴 계획에서 바스토뉴가 처음에는 그다지 큰 비중을 차지하지 못했다는 점을 잘 보여주고 있다. 바스토뉴는 작전의 주요 전략목표들로부터 상당한 거리에 떨어져 있었고, 그럼에도 불구하고 '벌지 전투의 하이라이트'라고까지 일컬어질 정도로 치열한 공방이 벌어지게 된 것은 북부지역에서 독일군의 계획이 완전히 틀어졌기 때문이었다.

어쨌든 친위기갑부대 지휘관들은 공세 첫날, 혹은 이틀째에는 뫼즈 강에 도달할 수 있을 것으로 자신하고 있었다. 더 나아가 계획상으로는, '잘만하면' 공세 7일째에는 안트베르펜에 도달할 '수도' 있을 것으로 예상했다.

이 외에도 히틀러는 별도로 두 가지 '특별작전'을 계획했다. 제6기갑군의 진격에는 뫼즈 강의 주요 교량들이 필수적임에 따라 라인수비작전이 시작된 후 후퇴하는 연합군이 이를 폭파해버릴 것을 우려하여 사전에 이를 탈취하기로 한 것이다.

그 하나는 '그리프 작전(Operation Grief)'이었다. 히틀러의 심복이었던 오토 슈코르체니(Otto Skorzeny)의 지휘하에 영어가 유창한 독일군 병사들로 이루어진 특수여단을 미군으로 위장시켜 미군 전선 후방으로 은밀하게 침투시킨 후, 기갑부대의 진격에 앞서 중요 목표물들을 미리 확보한다는 계획이었다. 두 번째는 '슈퇴서 작전(Operation Stösser)'으로서 독일군 팔쉬름얘거(Fallschirmjäger, 독일군 공수부대로서 '강하엽병' 또는 '낙하산경보병'이라고도 한다―옮긴이)부대를 역시 미군 전선의 후방 깊숙이 낙하시켜 중요 목표물들을 확보하는 동시에 북쪽 지역에 대한 연합군의 증원시도를 방해하는 것이 목표였다.

제6기갑군의 성공여부는 제6기갑군 소속의 2개 친위기갑군단이 얼마나 신속하게 진격하느냐에 달려 있었다. 계획상으로는, 먼저 선두의 보병사단들이 미군 방어선에 구멍을 뚫어놓으면 이 구멍을 이용해 기갑군단들 중 하나가 뫼즈 강에 교두보를 확보하고, 이어서 나머지 기갑군단이 안트베르펜 방면으로 계속 치고나가기로 되어 있었다.

한편, 미군이 아헨(Aachen) 지역에서 병력을 빼낸 후 남쪽으로 기동시켜 제6기갑군의 우측방으로부터 반격해올 것이 예상됨에 따라 히틀러는 돌격포와 구축전차를 이 구역에 우선적으로 배정했다. 또한 2개 팔쉬름얘 거사단과 함께 얼마 전에 있었던 아헨 전투에서 혁혁한 전공을 세운 바 있 는 제12국민척탄병사단 등 최정예 보병부대를 이곳에 배치했다. 히틀러는 "선봉 기갑군단이 우측방에서 반격해오는 미군부대를 상대하느라 지체되 어서는 절대 안 되며, 반격해오는 미군은 보병과 구축전차로 구성된 차단 부대가 막아야 한다"고 강조했다.

독일군의 고위지휘관들에게 '라인 수비작전'에 대한 브리핑이 처음 실 시된 것은 1944년 10월 22일이었다. 서부전구 사령관이었던 게르트 폰 룬 트슈테트(Gerd von Rundstedt) 원수와 B집단군 사령관 발터 모델(Walter Model) 원수는 터무니없을 정도로 야심찬 이 작전계획에 크게 놀랐다. 작 전의 세부사항을 살펴본 이들은, 이번 작전이 실현가능성이 거의 없는 계 획이라고 생각했다.

그러나 히틀러가 자신의 계획에 대한 이의제기를 달가워하지 않는다 는 사실을 잘 알고 있던 룬트슈테트와 모델은, 히틀러 대신 요들에게 접근 하여 얼마 전에 함락된 아헨 주변의 미군부대를 포위하는 작전을 대안으 로 제시했다. 그러나 요들은 히틀러가 이 필사적인 막판 도박에 모든 것을 걸고 있다는 사실을 너무나 잘 알고 있었다. 그는 룬트슈테트와 모델의 계 획을 히틀러 앞에서 감히 거론할 엄두조차 내지 못했다.

실제로 라인 수비작전은 성공가능성이 거의 없는 무모한 계획이었다. 봄과 여름 내내 동부 및 서부전선에서 입은 치명적 손실로 인해 1944년 늦가을 무렵 독일군의 전력은 크게 약화된 상태였다. 게다가 라인 수비작 전이 성공하려면, 독일 기갑부대가 미군 방어선을 신속하게 돌파하고 뫼 즈 강으로 달려가는 동안 미군은 그냥 쳐다만 보고 있어야 했다. 물론 현 실적으로 그렇게 될 가능성은 거의 없었다.

사실 이번 계획은 독일군의 전투력에 대한 히틀러의 과대망상과 미군 의 전투력에 대한 근거 없는 과소평가에 근거하여 세워진 것이었다. 게다가 아르덴 삼림지대의 주요 통로들 상당수는 숲속의 애로(隘路)나 하천을 건너는 교량으로 이뤄져 있었고, 이런 통로는 소규모 병력만으로도 쉽게 차단할 수 있었다. 이런 조건하에서 주요 목표물들을 점령하는 데 조금의 차질이라도 발생한다면 곧 작전 전체의 실패로 이어질 공산이 컸다.

더구나 미군은 기계화와 차량화 측면에서 독일군을 압도하고 있었다. 미군이 이러한 우월한 기동력을 사용하여 아르덴 지역에 신속히 지원병력을 투입할 수 있다는 점을 감안하면, 작전이 단 며칠만 지체되더라도 독일군은 치명적인 타격을 입을 수 있었다.

보급문제 또한 심각했다. 연료와 탄약의 부족은 이제 독일군에겐 일상사였고, 일단 공세가 시작

제1친위기갑군단장 헤르만 프라이스(Hermann Preiss) 친위중장. 프라이스는 제1친위기갑사단 '라이프슈탄다르테 아돌프히틀러'와 제3친위기갑사단 '토텐코프'의 사단장을 역임했다.(NARA)

되면 연합군도 독일군의 보급선을 차단하기 위해 아이펠 지역으로 향하는 모든 철도를 (날씨와 상관없이) 주야로 폭격해댈 것이 분명했다. 그렇게 된다면 안 그래도 어려운 보급상황이 더욱 악화될 것이었다.

좀더 전술적 차원에서 살펴보면, 독일군의 주력이었던 제6친위기갑군과 제5기갑군은 초기 돌파작전에 대해 서로 다른 방법론을 가지고 접근했다. 하소 폰 만토이펠 제5기갑군 사령관은 (다른 독일군 지휘관들의 표현을

제12친위기갑사단 히틀러유겐트의 지휘관 후고 크라스(Hugo Kraas) 대령. 크라스 대령은 히틀러유겐트 사단장이 되기 전까지 제2친위기갑척탄병연대(2nd SS-Panzergrenadier Regiment)를 지휘했다.(NARA)

빌리자면) 날카로운 지성과 경험에서 우러나오는 직관적인 전장감각을 가지고 전쟁터를 손바닥 보듯하는 지휘관이었다. 실제로 그는 여름부터 계속 미군과 싸워왔기 때문에 미군과의 전투에 대해서라면 매우 풍부한 경험을 가지고 있었다.

만토이펠은, 작전개시 전에 일체의 군사적 활동을 금지한 히틀러의 명령을 정면으로 위반하면서까지 예하부대의 전선 정찰활동을 허용했다. 또한 공세 바로 며칠 전에는 스스로 일개 대령으로 변장하고 직접 전선을 살펴보기도 했다. 만토이펠은 이러한 정찰활동을 통해, 미군 전선 중에서도 특히 로스하임(Losheim) 지역에 상당한 틈이 있다는 것을 간파하게 되었다. 또한 미군의 순찰대가 야간에는 활발하게 활동하지만, 해가 뜨기 전에 기지로 돌아가 해가 중천에 뜰 때까지는 순찰을 재개하지 않는다는 사실도 파악했다.

만토이펠은, 작전개시 직전에 실시하기로 되어 있던 미군의 전방 참호선에 대한 포병의 공격준비사격이 별다른 이득도 없이 미군에게 공세의 시작만 알려줄 뿐이라고 생각했다. 그러나 히틀러가 결코 준비사격을 포기하지 않을 것이라는 점 또한 잘 알고 있었던 만토이펠은, 일단 포격은 하되 그 전에 먼저 공격부대를 미군 전선 깊숙히 침투시킨다는 계획을 세우고 이에 대한 승인을 얻었다.

만토이펠이 생각을 정리하며 보다 효과적인 공격방법을 찾기 위해 애를 쓰는 동안, 제6친위기갑군을 지휘하던 디트리히는 자신이 맡은 구역의 작전 세부사항에 대해서 거의 신경을 쓰지 않고 있었다. 그는 지속적인 공격준비사격만으로도 미군의 방어선을 손쉽게 돌파할 수 있을 만큼 약화시킬 수 있을 것으로 생각했다. 그의 부대는 공세 첫날에 삼림지대 돌파를 완수해야 했다. 그러나 만토이펠과 달리 지옥 같은 휘르트겐 숲의 전투를 전혀 경험하지 못했던 디트리히는 그 임무가 얼마나 어려운 것인지 전혀 짐작하지 못했다.

:: 미군의 계획

1944년 12월, 안트베르펜 항이 열리자 연합군은 한 달 내로 본격적인 공세를 취할 수 있게 되었다. 이에 따라 연합군의 작전계획은 과도기를 맞이하고 있었지만, 정작 연합군의 지휘부는 12월 7일에 열린 고위급 지휘관 회의에서도 향후 작전방향에 대해 별다른 결론을 내지 못하고 있었다.

몽고메리는, 9월에 아른헴(Arnhem)에서 크게 망신을 당했던('마켓-가든 작전'의 실패를 의미함—옮긴이) 쓰디쓴 경험에도 불구하고 여전히 연합군이 자신의 지휘하에 루르(Ruhr)지역에 대한 총공격을 감행해야 한다고 주장했다. 그러나 더이상 몽고메리의 고집을 들어줄 수 없었던 아이젠하워는 "연합군의 핵심목표는 단순히 더 많은 지역을 점령하는 것이 아니라 독일군을 패배시키는 것"이라는 점을 몽고메리에게 새삼 상기시켰다.

한편 브래들리는, 7월에 노르망디에서 그랬던 것처럼('코브라 작전'을 의미함—옮긴이) 아르덴의 북쪽 지역에서 다시 한 번 멋진 돌파작전을 벌여보고 싶어했지만, 로어 강의 댐들이 모두 미군의 손에 들어오기 전까지는 행동의 자유를 얻을 수가 없었다. 아예 댐을 폭파시켜버리려고 영국공군이 특수폭격기까지 동원하여 퍼부은 맹공도 별다른 효과가 없자, 연합군은 12월 10일 2개 군단을 동원한 일련의 공세를 시작했다.

12월 13일 후속 군단들까지 공격에 투입되었을 즈음 연합군은 독일군의 치열한 저항에 부딪혔지만, 연합군으로서는 자신들이 아르덴 공세 개시선 북쪽에 배치된 독일군 공격부대와 접촉한 것이라는 사실을 알 도리가 없었다. 악전고투 끝에 연합군은 간신히 발러샤이트의 중요 교차로들까지는 확보했지만 결국 공격은 기세가 꺾이고 말았다.

반면에 아르덴의 남쪽에서 싸우고 있던 패튼의 제3군은, 요새화된 메스(Metz) 시에서 완강하게 저항하던 독일군을 기어이 물리치고 로렌을 벗어나 자르 지역으로 밀고 들어갔다. 제3군은 12월 19일 서부방벽을 돌파하여 프랑크푸르트(Frankfurt) 방면으로 공세를 취할 계획이었다. 또한 북쪽의 영국군 제21집단군이 담당하고 있는 구역에서는 몽고메리가 라인 강에 대한 공격을 계획중이었다.

아르덴 동쪽의 아이펠 지역은 산지로 이루어져 있었고, 이 지역을 돌파하려면 막대한 희생을 치르면서 휘르트겐 숲에서 겪었던 지옥 같은 상황들을 모조리 다시 한 번 반복할 수밖에 없었다. 하지만 그런 희생을 치를 만한 전략적 목표가 있는 것도 아니었기 때문에 연합군으로서는 아르덴 지역의 '유령전선'에 대해 즉시 실행할 만한 작전계획이 전혀 없었다.

제1군은 전투로 지친 보병사단들의 휴식처 겸 신예사단들의 실전훈련장으로 아르덴 지역을 사용하고 있었고, 12월 중순 현재 아르덴에는 4개 보병사단이 배치되어 있었다. 한편, 제6기갑군의 전면에는 미국 본토에서 갓 도착한 신예사단인 제99사단과 106사단이 배치되어 있었다. 남쪽으로는 보다 경험이 많은 제4사단과 28사단이 있었지만, 두 사단은 11월 휘르트겐 숲에서 참혹한 전투를 치르면서 이미 큰 타격을 입고 있고 있었다. 그리고 이들 4개 사단의 후방에는 제9기갑사단의 일부가 예비대로 배치되어 있었다.

제12집단군의 브래들리 중장 및 제1군의 하지스 중장 모두 아르덴 지역의 미군 배치가 지나치게 얇게 늘어져 있다는 사실을 잘 알고 있었다. 예컨대 미들턴의 제8군단의 경우에는 미군의 군사교범에서 "1개 군단에 적절하다"고 규정해놓은 거리의 약 세 배에 달하는 거리에 걸쳐 배치되어 있었다. 하지만 이 지역에서 독일군이 대공세를 펼칠 것이라고 예상한 사람은 아무도 없었다. 이렇게 정보전에서 연합군이 완벽하게 뒤통수를 맞은 데에는 크게 두 가지 원인이 있었다. 첫째는 독일군이 완벽한 기만전술에 성공했기 때문이었고, 둘째는 연합군의 고위지휘관들이 아르덴 지역이 동계 공세작전을

아르덴 지역 미 제1군의 지휘를 맡은 코트니 하지스 중장. (NARA)

펼치기엔 적절한 장소가 아니라고 믿고 있었기 때문이었다.

아르덴 공세가 시작될 때까지 연합군의 감청부대가 최고사령부에 지속적으로 보고한 독일군의 통신정보는 사실 독일군이 의도적으로 흘린 기만정보였다. 하지만 연합군 지휘부는 이를 철썩같이 믿고 있었다. 게다가 연합군이 입수했던 독일군의 극비 애니그마 통신에서도 공세에 관한 낌새는 전혀 감지되지 않았다. 이는 독일국방군이 공격 전 통신보안을 얼마나 철저히 유지했는지를 여실히 보여주는 사례였다.

바스토뉴에서 슈네아이펠에 이르는 지역에서 미 제8군단을 지휘했던 트로이 미들턴(Troy Middleton) 소장.(NARA)

1944년 12월 9일자 미 제12군의 주간 정보보고서는, 7월 말 노르망디에서 미군이 코브라 작전으로 교착상태를 일거에 돌파하기 직전의 독일군 상황과 당시 서부전선의 독일군의 상황이 비슷하다고 결론지었다. 이 보고서는, 독일군 부대들이 손실을 보충하지 못하고 있으며 예비대인 독일 제6기갑군은 향후 미 제1군이나 3군의 돌파작전에 대응하기 위해 쾰른(Köln) 근방에서 발이 묶여 있을 것으로 전망했다. 그나마 12월 10일자 미 제1군의 정보보고서는 한결 진지하게 독일군의 반격작전 가능성에 대해 경고하고 있었지만, 이마저도 제1군이 로어 강을 건넌 이후에나 시작될 것으로 예상하고 있었다.

그러나 불확실하나마 아르덴 지역에서 독일군의 증원이 이루어지고 있다는 정보가 계속 들어옴에 따라, 아이젠하워의 정보참모였던 스트롱(K. Strong) 장군은 12월 초에 브래들리를 찾아와 이에 대한 우려를 표시했다. 그러나 브래들리는 스트롱 장군의 경고를 듣고도 "독일군이 굳이 아르덴 지역을 통과해서 공격할 만한 가치가 있는 전략적 목표물이 없다"는 주장만을 계속 반복했다.

반면, 제3군 정보참모인 오스카 코흐(Oscar Koch) 대령은 패튼에게 "독일군이 제6친위기갑군을 선봉으로 미 제1군 예하의 제8군단에 대해 공격을 가해올 가능성이 있다"는 사실을 납득시켰다. 다른 미군 지휘관들과는 달리 코흐와 패튼은, 독일군이 제1군의 공세를 기다리고 있다고 생각하지 않았다. 그들은, 미군이 제3군 구역 내의 서부방벽에 대해 공세를 시작할 가능성을 분명히 인지하고 있던 독일군이 12월 중순경까지도 이를 저지하기 위해 예비대의 일부를 자르 지역으로 이동시키지 않고 있음에 주목했다. 그리고 이들은 이러한 정황이야말로 독일군이 북쪽 구역에서 조만간 뭔가 일을 벌일 예정임을 보여주는 증거라고 주장했다.

1944년 12월 13일, 패튼은 아이젠하워의 사령부에 스트롱 장군의 우려를 상기시키면서 아르덴 지역에서 독일군이 공세에 나설 가능성이 있다고 경고했다. 반면에 브래들리는, 독일군이 강력한 연합군 세력을 양 측방에 둔 채로 도로망이 매우 제한된 지역에서 동계공세를 감행할 만큼 무모하다고는 생각하지 않았다. 적의 의도를 자신이 원하는 방향으로 해석하는 전형적인 정보분석의 오류를 범하고 있었던 것이다.

아이젠하워, 브래들리, 하지스는 작전계획의 입안에 있어 위험부담을 최소화하려는 보수적인 지휘관들이었다. 따라서 히틀러처럼 필사적이고 무모한 상대가 벌일 수 있는 돌발행동에 대한 상상력이 부족했다. 반면, 패튼과 같은 대담한 지휘관들은 독일군의 의도에 대해 보다 날카로운 분석을 하고 있었다.

결과적으로는 독일군의 공세가 무모한 모험이었다는 브래들리의 주장이 옳은 것으로 증명되기는 하지만, 아르덴 지역에 병력을 그토록 얇게 배치한 상황이라면 연합군은 이를 보완하기 위해서라도 다방면으로 정보를 수집해야 했다. 그도 아니라면 적어도 공세가 개시되기 직전의 며칠 동안, 아이펠 지역에서 독일군의 활동을 보여주는 증거가 속속 들어오고 있다는 점에 주목하고 이에 대한 정보분석이라도 해야 했다. 그러나 브래들리의 정보참모 에드윈 시버트(Edwin Sibert) 준장은 그 어느 하나도 제대로 하고 있지 않았다. 훗날 그는 정보수집 및 분석 실패의 책임을 지고 해임되었다.

서부방벽 주변의 숲과 진흙탕에서 거의 3개월 동안이나 피투성이로 싸워야 했던 브래들리는, 이럴 바에야 차라리 독일군이 서부방벽의 요새선에서 한꺼번에 튀어나와 깨끗하게 한판 붙는 게 낫겠다는 생각을 지속적으로 피력해왔다(말이 씨가 된다는 사실을 다시 한 번 보여주는 사례다). 그러나 실제로 '튀어나온' 독일군의 규모는 그가 예상했던 것보다 훨씬 컸다.

| 기상과 지형 |

라인 수비작전에 큰 영향을 미친 또다른 요소는 기상 및 지형조건이었다. 그 가운데 기상은 독일군의 공세에 있어 양날의 칼과 같은 역할을 했다. 12월의 짙은 구름이 낀 날씨는 공세 시작 전까지 연합군의 항공정찰로부터 독일군을 숨겨주었고 공세 개시 후에는 연합군의 항공공격을 막아주었지만, 동시에 공세작전을 위한 독일공군의 항공지원 역시 불가능하게 만들었다.

이와 같은 기상은 공세 초기의 지상작전에도 부정적인 영향을 미쳤다. 1944년 가을, 벨기에에는 예년에 비해 비가 더 많이 내렸고 지면은 진창이 되었다. 기온은 공세 첫주 동안 밤에는 자주 빙점 이하로 떨어졌지만 낮에는 거의 영상을 유지했다. 12월 18일에는 얼었던 지면이 완전히 풀리면서 진흙구덩이가 되어버렸고, 12월 23일까지는 땅이 충분히 얼어붙을 정도로 기온이 다시 떨어지질 않았다. 따라서 차량은 물론 전차조차 도로를 벗어나기만 하면 진흙탕에 갇혀 꼼짝못하게 되기 일쑤였고, 이로 인해 독일군의 기동성은 큰 제약을 받게 되었다. 이처럼 도로 외에는 전혀 차량이 다닐 수 없는 상황이 되자, 미군은 당시의 상황을 두고 "전차 한 대 폭의 전선(front one tank wide)"이라고 불렀다.

대부분의 지역이 진창으로 변해버리자 공격에 나선 독일군은 도로를 따라 진격할 수밖에 없었다. 따라서 도로에 면한 마을들과 도로교차점들의 전략적 가치는 엄청나게 커졌다. 애초에 독일군은 저항이 심한 방어거점을 우회한다는 방침을 세웠지만, 전차와 중요한 지원차량들이 도로를 벗어날 엄두도 내지 못하는 상황에서 이런 계획은 무의미했다.

당시 상황에 대해 한 독일군 사단장은 훗날 이렇게 회고했다.

"궤도차량조차 진창에 빠지면 꼼짝을 못했다. 전쟁 후반기로 갈수록 우리 보병들은 기갑차량의 지원을 받지 않으면 제대로 공격을 하지 않으려 했다. 당연히 우리의 공격작전은 큰 어려움에 봉착했다."

진흙탕이 된 지면이 전세에 결정적인 영향을 미쳤다는 것이다.

벌지 전투가 새하얀 설원에서 펼쳐졌다는 일반적인 오해와는 달리, 벌지 전투가 시작된 후 일 주일 동안에는 눈으로 덮인 곳이 그렇게 많지 않았다. 사실, 눈은 11월 둘째주부터 내리기 시작했으나 낮 동안의 높은 기온으로 대부분은 쌓이지 않고 그냥 녹아버렸다. 물론 그늘이 많은 숲지대에는 드물게 눈이 많이 남아 있기도 했다. 전투 초반 며칠 동안, 오전이 되면 지면 가까이에 안개가 짙게 끼고 비가 자주 내렸으며 밤에는 종종 눈이 내렸다. 그러나 본격적인 강설은 크리스마스가 지나고 나서야 시작되었다.

아르덴의 북쪽 지역은, 숲으로 덮인 구릉지대에 경작지로 사용되는 개활지가 드문드문 흩어진 지형으로 이루어져 있었다. 이 숲은 대부분이 목재채취용으로 조성된 소나무숲이었다. 따라서 나무 사이의 간격이 일정하고 수풀은 거의 없으며, 사이사이에 방화대(防火帶)와 비좁은 벌목용 소로(小路)가 뚫려 있었다. 그러나 강이 흐르는 계곡 근처의 보다 험한 구릉지대는 소나무밖에 자랄 수 없는 척박한 토양이었고 수풀도 매우 깊었다.

독일 국경에서 벨기에로 향하는 도로는 대부분 자갈이 깔린 길이어서 보병들이 통과하기에는 문제가 없었다. 하지만 전차나 궤도차량이 한 번 지나가기만 하면 빠져나가기 힘든 뻘밭이 돼버리기 일쑤였고, 후속 차량 대열의 발을 꼼짝못하게 묶어버리곤 했다.

독일 제6기갑군이 공격할 지역은 폭이 약 3~6킬로미터에 이르는 다양한 밀도의 삼림지대로 이루어져 있었다. 그리고 이 삼림지대 너머에는 탁 트인 개활지와 좀더 상태가 좋은 도로가 있었다. 북쪽으로는 얕은 고원인 엘젠보른 능선이 있었고, 더 북쪽으로는 황량한 고지대인 호헤스펜(Hohes Venn) 지역이 있었다. 일단 독일군이 삼림지대만 벗어난다면 기계화부대를 운용하기 좋은 비교적 탁 트인 공간이 나온다는 의미였다.

이 지역에서 리에주로 가는 가장 좋은 도로는 엘젠보른 능선과 말메디(Malmèdy)를 통해 가는 길이었다. 앙블레브(Amblève) 강 계곡을 따라 나 있는 통로는 매우 좁고 굴곡이 심한 데다 도로의 한 쪽은 숲으로 덮인 오르막이었고, 다른 쪽은 강쪽으로 나무가 울창한 급경사로 이루어져 기동이 매우 불편했다. 하지만 일단 이 지역을 빠르게 통과할 수만 있다면 그 너머에는 진격하기에 훨씬 용이한 지역이 나왔다.

제6기갑군과는 달리 제5기갑군은 개활지에서 공격을 시작하여 숲으로 덮인 슈네아이펠 고원으로 진격하도록 되어 있었다. 진격로 양 측방이 모두 탁 트인 지역이었으며, 전통적으로 서방의 진출 통로로 사용되어오던 로스하임 간격(Losheim Gap)이 특히 주목할 만했다. 이런 조건으로 인해 제5기갑군은 공세 초기에 비교적 신속하게 진격할 수 있었던 것이다. 그러나 이후 뫼즈 강을 향해 서쪽으로 갈수록 숲으로 덮인 계곡과 골짜기로 인해 지형은 점점 더 험해졌다.

양측 지휘관

:: 독일군 지휘관

대부분의 독일국방군 고위지휘관들은 히틀러가 구상한 라인 수비작전을 무모한 시도로 보고 있었다. 그러나 1944년 7월 일단의 장교들이 히틀러 암살을 시도한 이후 히틀러는 군부를 불신하게 되었고, 전략적 사안에 대한 군 지휘관들의 영향력은 크게 줄어들었다. 히틀러는 라인 수비작전계획 전반에 걸쳐 중심적인 역할을 했으며, 점점 더 망상에 가까운 주장을 펼치면서 작전에 대한 비현실적인 예상들을 늘어놓았다.

히틀러의 아르덴 공세작전계획에 있어 주로 도움을 준 사람은 독일 국방군 작전참모장이었던 알프레트 요들 상급대장이었다. 요들 장군은 충성심을 중요시하는 정통 프러시아식 장교훈련을 받아온 군인이었다. 요들은 아무때나 함부로 나서지 않는 겸손한 사람이었고, 이런 태도가 히틀러의 불안정하고 성마른 성격으로부터 그의 목숨을 구해주었다. 요들 자신도 1944년 7월의 폭탄암살기도 사건 당시 부상을 입었지만, 덕분에 전쟁이 끝날 때까지 총통의 신뢰를 받았던 몇 안 되는 고위장성 중 한 명이 될 수 있었다.

아르덴 작전에 참가한 독일군 부대의 야전지휘권은 서부전구 총사령관인 게르트 폰 룬트슈테트 원수가 쥐고 있었다. 룬트슈테트는 유능한 군인으로서 히틀러조차도 그의 능력을 존중할 정도였다. 그러나 그는 군사적 문제에 관해서는 퉁명스러울 정도로 솔직하게 견해를 표시했기 때문에 히틀러의 심복은 될 수 없었다. 요들과는 달리, 룬트슈테트는 히틀러의 계획과 관련해서 아니다 싶은 부분에 대해서는 거리낌없이 이의를 제기했다. 결국 룬트슈테트는 히틀러에게 미운털이 박혀버렸고, 요들이 모든 핵심세부사항을 완성할 때까지 작전계획의 입안에서 완전히 배제되었다. 작전계획초안이 나오자마자 히틀러는 이 계획안에 직접 "수정불가"라는 말을 아예 써넣어버렸다.

비록 미국 언론들은 자주 아르덴 공세를 '룬트슈테트 공세'라고 지칭

하곤 하지만, 이런 속사정을 감안
하면 사실 룬트슈테트는 이 공세
작전의 입안과 실행에 별다른 관
련이 없는 인물이었다. 작전계획
을 검토한 룬트슈테트는 독일군이
안트베르펜은커녕 뫼즈 강에 도달
할 수 있기만 해도 다행일 것이라
고 단언했다.

공세작전을 실질적으로 이끌 야
전 지휘관은 B집단군 사령관인 모
델 원수였다. 1944년 무렵의 모델
은 히틀러에게 있어 '기적의 해결
사'였다. 모든 것이 절망적이고 패
배가 불가피해보이는 상황이 닥치
면, 히틀러는 즉시 정력적이고 무
자비한 지휘관인 모델을 호출했다.

러시아 전선에서 기갑부대 지휘
관으로 명성을 쌓은 모델은 1944년
3월 북(北)우크라이나집단군 지휘
관이라는 중요한 자리를 맡으면서
독일국방군의 최연소 원수가 되었
다. 1944년 여름, 러시아 전선에서
소련군의 '바그라치온(Bagration)

1945년 뷔트겐바흐(Bütgenbach) 인근의 전투에서 포로가 된 국민척탄병.
국민척탄병 부대 가운데 다수는 아르덴 공세 직전 설상위장복이나 기타 여
러가지 동계위장복을 지급받았다.(NARA)

작전'으로 독일의 중앙군이 박살나자, 히틀러는 모델에게 "동부전선을 안
정시키라"는 거의 불가능에 가까운 임무를 맡겼다. 하지만 모델은 이 임무
를 완수했다.

아르덴 공세 초기, 제1친위기갑사단 '라이프슈탄다르테 아돌프히틀러'의 기갑척탄병들은 추계위장복을 착용하고 있었다. 사진의 하사관이 StG44돌격소총을 사용하고 있는 것에 주목할 필요가 있다. StG44돌격소총은 보병용소(小)화기의 일대 혁신을 가져온 소총으로, 오늘날의 근대적 돌격소총들의 선구적인 모델이었다. 이 사진은 12월 17일 제14기병대(14th Cavalry Group) 예하대가 독일군에게 매복공격을 당한 이후 촬영된 일련의 유명한 연출사진 가운데 한 장이다.(NARA)

8월 중순, 프랑스의 독일군이 '팔레즈(Falaise) 포켓'에 포위된 상황에서 히틀러는 모델을 동부전선에서 불러들여 B집단군의 지휘를 맡겼다. 아르덴 공세가 진행되는 동안 모델은 제7군, 제5기갑군, 제6친위기갑군으로 구성된 공격부대를 지휘했다. 모델도 이 작전계획에 대해 "너무나 실패가능성이 큰 계획"이라며 룬트슈테트만큼이나 회의적이었다. 그러나 독일이 얼마나 절망적인 상황에 처해 있는지를 너무나 잘 알고 있던 모델은 자신의 능력이 닿는 데까지 시도해보기로 결심했다.

북부전선의 공격작전에서 가장 핵심적인 지휘관은 요제프 제프 디트리히 친위상급대장이었다. 독일의 다른 고위지휘관들과는 달리, 디트리히는 공식적인 장교훈련을 거의 받지 못한 인물이었다. 독일군 지휘관들은 그를 '무지렁이 촌놈', '총통의 아첨꾼' 정도로 생각했고, 그의 군사적 재능에 대해서는 '똑똑한 부사관' 정도에 지나지 않는다고 혹평했다. 그러나 디트리히는 쾌활하고 술도 잘 마시는 데다 군대의 현실을 매우 잘 아는 지휘관으로서 병사들 사이에서는 인기가 높았다. 적에게는 무자비했지만, 자신의 병사들과 관련된 문제에서는 눈물 많고 감상적인 사람이었다.

디트리히는 제1차 세계대전에 참전하여 돌격대원(Storm trooper)으로 싸워 철십자훈장을 받았고, 1918년에는 몇 안 되는 독일군 전차대에서 복무하기도 했다. 또 1921년에는 실레지아(Silesia)의 민병대와 함께 폴란드에 맞서 싸우기도 했고, 군에 더이상 있을 수 없게 되자 바바리아(Bavaria) 지역으로 돌아가 경찰관이 되기도 했다. 디트리히는 1928년에 국가사회주의당에 가입했는데, 소란스러웠던 바이마르공화국 시대의 거친 정치싸움판에서 히틀러의 신변을 경호할 책임을 맡게 되었다. 이후 일단의 거친 사나이들로 구성된 '뮌헨 SS(Munich SS)'라는 히틀러의 개인경호대가 창설되자, 디트리히는 이 경호대의 지휘관이 되어 믿음직스런 행동대장으로 히틀러의 깊은 신임을 받았다.

히틀러는 1933년 독일 총리가 된 이후 확대개편된 '라이프슈탄다르테 아돌프히틀러(Leibstandarte Adolf Hitler)'의 부대장으로 디트리히를 임명했다. 1934년, 소위 '장검의 밤(Night of Long Knives)'에 히틀러는 군의 환심을 사기 위한 방책으로 자신을 총리로 만들어주었던 돌격대(SA, Sturmabteilung)를 분쇄할 것을 명령했다. 디트리히는 그때까지 함께 싸워온 전우들이었던 갈색 제복의 돌격대원들을 한꺼번에 잡아들여 즉결처형함으로써 히틀러에 대한 충성심을 만방에 과시했다.

라이프슈탄다르테 아돌프히틀러는 1939년 폴란드 전역(戰域)에서 처음으로 실전에 투입되었으며, 이후 차례로 격전을 치러나가면서 '퍼레이드용 의장대'라는 꼬리표를 떨쳐냈다.

디트리히는 카리스마를 갖춘 전사이긴 했지만, 대규모 부대를 지휘하기 위한 지성이나 훈련은 모자란 사람이었다. 따라서 그를 '얼굴마담'으로 전면에 내세우는 한편 유능한 장교를 참모장으로 임명해 실질적인 지휘부와 참모부의 기능을 수행토록 하는 관행이 정착되었다.

디트리히는 히틀러의 분신과도 같은 심복이었다. 히틀러와 마찬가지로 제1차 세계대전에서 사병으로 싸웠고, 대중적인 인물이었으며, 말보다 행동이 우선인 사람이었고, 히틀러가 그토록 경멸해 마지않던 '지적인 프러시아 귀족' 출신의 참모장교들과는 모든 면에서 정반대의 극단에 서 있던 인물이었다.

그다지 알려지지는 않았지만, 폴란드 전역에서 라이프슈탄다르테 아돌프히틀러가 보여준 활약으로 디트리히는 1급 및 2급 철십자장을 받았고, 프랑스 전역에서는 기사십자장을 받았다. 이를 시작으로 히틀러는 그의 노고에 대한 보답이자 귀족 출신 고위장성들을 조롱하기 위한 방편으로 디트리히에게 수많은 훈장을 주면서 계급을 거듭 높여주었다.

1943년, 디트리히는 제1친위기갑군단을 조직하라는 명령을 받았다. 이 과업을 수행하는 동안, 디트리히는 그의 새로운 오른팔이자 유능한 참모장교였던 프리츠 크래머(Fritz Kraemer) 대령의 도움을 많이 받았다. 크래머 대령은 아르덴에서도 디트리히와 함께 독일군을 이끌었다. 제1친위기갑군단은 노르망디에서 최초로 실전에 투입되었고, 캉(Caen) 지역에서 영국 기갑부대의 공격을 완강하고도 능수능란하게 방어해냄으로써 명성을 떨쳤다.

1944년 8월 1일 디트리히는 '친위상급대장'으로 진급했고, 며칠 후 히틀러는 그의 철십자에 다이아몬드를 달아주었다. 그런 영예를 누린 군인은 전체 독일군 중에서 전쟁 전(全) 기간을 통틀어 27명에 불과했다.

1944년 9월 14일, 히틀러는 디트리히에게 제6기갑군을 조직할 것을 지시했다. 당시 디트리히는 전쟁수행에 대해 점점 더 비관적인 생각을 가지게 되었지만, 그런 견해를 피력할 수 있는 재주는 없었다. 그리고 어차피 디트리히는 확신을 가지고 그런 불평을 제기하기에는 나치당의 은혜를 너무 많이 입은 사람이었다. 결국 디트리히는 독일군의 패배를 모호하게도 적들의 '사보타지' 탓으로 돌려버렸다. 자신이 그토록 열심히 봉사했던 나치정권 자체가 모든 문제의 근원이었다는 사실을 인정하고 싶지 않았던 것이다.

제6기갑군을 지휘한 디트리히와 더불어 공격의 주력인 제5기갑군을 지휘한 사람은 하소 폰 만토이펠이었다. 디트리히와 달리 정치권과 거리가 먼 군인이었던 만토이펠은, 1940년 프랑스에서 롬멜이 지휘하던 제7기갑사단의 보병대대장으로 제2차 세계대전에 뛰어들었다. 히틀러는 거리낌없이 할 말을 다하는 이 젊은 장교를 좋아했고 1943년 6월 그를 제7기갑사단장으로 임명했다가, 그해 말에는 명문 기갑척탄병사단인 '그로스도이칠란트(Grossdeutschland)'의 지휘를 맡겼다.

만토이펠에게 개인적으로 많은 관심을 가지고 있었던 히틀러는, 1944년 9월 1일 사단장이었던 만토이펠을 군사령관의 자리에 임명하면서 제5기갑군의 지휘권을 주었다. 보통 군사령관은 기갑군단장을 거쳐야 맡을 수 있는 자리였다.

1944년 초가을, 만토이펠은 로렌 지역에서 패튼의 미 제3군과 힘든 싸움을 벌이면서 군사령관의 역할을 어렵게 배워 나갔다. 그는 휘하 부대와 함께 1944년 12월 내내 미군과 전투를 치르게 된다.

:: 미군 지휘관

아르덴 지역의 미군측 야전사령관은 제12집단군을 지휘하고 있던 오마 브래들리 중장이었다. 제12집단군은 북쪽으로 네덜란드 국경지대에서 몽고메리의 제21집단군과 경계를 맞대고 있던 윌리엄 심슨(William H. Simpson) 중장의 제9군, 중앙의 아헨에서 아르덴에 이르는 지역에 배치되어 있던 코트니 하지스 중장의 제1군, 그리고 남쪽으로 자르 지역의 조지 패튼 중장이 지휘하는 제3군으로 구성되어 있었다.

브래들리 중장의 군 경력 자체는 휘하 3명의 군사령관들보다 짧았지

제2보병사단장 월터 로버트슨 소장을 위시한 미군 지휘관들의 능란한 지휘능력은, 벌지 북부의 미군이 독일군의 공격을 버텨낼 수 있었던 원동력이 되었다. 아르덴 전투 직전, 로버트슨 소장(오른쪽, 제2보병사단의 인디언헤드 마크에 주목─옮긴이)이 제12집단군 사령관 오마 브래들리 중장과 대화를 나누고 있는 모습.

만, 그의 직속상관이자 연합군 최고사령부(SHAEF)를 이끌고 있던 드와이트 아이젠하워(Dwight Eisenhower)와 조지 마셜(George Marshall) 미 육군 참모총장은 브래들리를 다른 장군들보다 더 높게 평가했다. 브래들리는 전술은 물론 '보급'에 대한 이해가 요구되는 최고지휘부의 복잡성도 잘 알고 있었으며 관리자로서 다른 장군들보다 더 뛰어난 능력을 갖추고 있었다. 이런 재능 덕에 브래들리는 조지 패튼과 같은 역동적인 지휘관들보다 상급지휘관이 될 수 있었다. 배우처럼 현란하고 카리스마 넘치는 '기병 스타일'의 패튼을 상당히 불편해하던 미 육군에게 있어 브래들리는 매우 훌륭하고 성실하며 모범적인 '보병'과 같은 존재였다.

브래들리가 8월에 제12집단군 사령관으로 영전해가면서 그가 맡고 있던 제1군 사령관직은 브래들리의 부관이었던 코트니 하지스 장군이 맡게 되었다. 하지스는 브래들리나 패튼보다 연장자로서, 웨스트포인트 사관학교에 입학했다가 학문적인 회의로 중퇴한 인물이었다. 그러나 그는 다시 육군에 입대했고, 사관학교 졸업생들과 별 차이 없이 소위 계급장을 달 수

전쟁이 막바지에 이르면서 인력부족 현상이 전반적으로 심각해지자, 무장친위대(Waffen-SS)도 기존의 지원병 선발제도를 포기하고 징집병 및 공군(Luftwaffe)과 해군(Kriegsmarine)에서 차출된 병사들에 크게 의존하게 되었다. 또한 제12친위기갑사단 히틀러유겐트 소속으로 싸우다 포로가 된 사진 속의 소년병들을 보면 알 수 있듯이 연령제한도 크게 완화되었다. 이 소년병들은 뷔트겐바흐 인근의 전투에서 미군의 포로가 되었으며, 포로들 중에는 심지어 10살에 불과한 아이들도 있었다.

있었다.

　브래들리는 하지스에 대해 상당한 신뢰감을 갖고 있었지만, 다른 미군 지휘관들은 하지스가 주관이 뚜렷하지 못하며 참모장인 윌리엄 킨(William Kean) 소장에게 지나치게 휘둘린다고 생각했다. 특히 아르덴 전투 초반의 며칠 동안 하지스가 별다른 움직임을 보이지 않은 것은 지금도 미스테리로 남아 있다. 혹자는 감기에 걸렸기 때문이라고도 하지만, 그가 당시 정신적으로 완전히 탈진한 상태였기 때문이라고 보는 시각도 있다. 그러나 다행히도 하지스는 미 육군 최고의 장교들을 휘하에 두고 있었고, 이 유능한 참모진과 함께 전투개시 후 며칠 동안 미군의 방어에 핵심적인 역할을 할 수 있었다.

한편, 생비트의 남쪽에는 제8군단, 북쪽에는 제5군단이 각각 배치되어 있었다. 제5군단의 사령관이었던 레너드 제로우(Leonard Gerow) 소장은 1941년 당시 아이젠하워의 상급자로서 참모본부 전쟁계획과의 책임자였으며, 핵심 참모장교로서 전투지휘보다는 작전계획의 입안에 더 적합한 인물로 평가되고 있었다. 그러나 제로우 소장은 파리 수복과 라인란트(Rhineland) 지역의 전투 전반에 걸쳐 제5군단을 이끌면서 매우 유능한 군단장으로서의 면모를 과시하여 많은 사람들을 놀라게 했다.

트로이 미들턴 소장은 노르망디 상륙작전 이래로 줄곧 제8군단을 지휘해왔다. 그는 1909년에 이등병으로 군에 입대했고, 이후 진급을 거듭하여 제1차 세계대전 중에는 미군 최연소 연대장이 되었다. 미들턴은 제2차 세계대전이 발발하기 전에 퇴역하여 대학총장이 되었지만, 전쟁이 시작되자 다시 군대로 돌아와 이탈리아에서 제45사단을 훌륭히 지휘했다.

비록 군단장직을 맡기에는 상당히 나이가 들었지만, 마셜 참모총장은 "힘세고 골빈 젊은것들보다는 무릎에 관절염을 앓더라도 산전수전 다 겪어본 늙은이가 낫다"며 미들턴을 옹호했다. 1944년, 미들턴의 퇴역 문제가 불거지자 아이젠하워는 단호하게 "들것에 싣고 다니는 한이 있어도" 미들턴을 계속 군단장으로 쓰겠다고 밝혔다.

아르덴 전투 중 돌출부 북방에서 싸웠던 미군의 전술단위 지휘관 중에서 가장 인상적인 인물은 바로 브루스 클라크(Bruce C. Clarke) 준장이었다. 클라크 준장은 주(州)방위군으로 군 경력을 시작했고, 나중에 웨스트포인트 육군사관학교에 들어갔다. 양차대전 사이의 기간을 주로 공병대 장교로 보내던 그는 2차대전 발발 후에는 신생 기갑병과로 보직이 변경되었다. 클라크는 초기 기갑부대의 공병대대 중 하나를 지휘했으며, 기갑부

독일 보병들의 영원한 친구인 '3호돌격포 G형(Sturmgeschütz III Ausf. G)'. 이 돌격포는 보병들에게 직접 화력지원을 제공해주었으나 항상 수량부족에 시달렸다.(MHI)

대가 쉽게 사용할 수 있는 주교(舟橋)의 개발에 핵심적인 역할을 했다.

1943년 클라크는 제4기갑사단의 참모장이 되었고, 제4기갑사단은 훗날 패튼의 제3군의 선봉이 되었다. 1944년 7월 노르망디 지역에서 벌어진 전투에서, 클라크는 사단의 A전투단(CCA)의 지휘관으로 임명되었다. 그는 노르망디에서 보여준 능란한 지휘로 유명해졌으며, 이후에 벌어진 로렌 지역 전투에서는 종종 파이퍼컵(Piper Cub)관측기의 후방석에 탑승한 채로 전차종대를 지휘하곤 했다. 그의 부대는 이런 지휘를 받으며 아라코트(Arracourt) 주변에서 독일군 기갑부대의 반격을 물리쳤다.

클라크를 높이 평가했던 패튼은 그에게 별을 달아주기 위해 여러모로 애를 써주었다. 하지만 보병이라기보다는 공병이었던 클라크는 진급이 매우 늦은 편이었다. 언젠가 패튼은 "육군참모총장인 조지 마셜이 클라크의 이름조차 모르더라"면서 클라크를 일컬어 "존재감 없는 인물"이라고 농담을 한 적도 있었다.

한편, 비슷한 상황에 처한 또다른 유능한 공병이 있었으니 바로 윌리엄 호지(William Hoge) 준장이었다. 호지 준장은 생비트에서 클라크와 나란히 제9기갑사단 B전투단을 지휘하고 있었다. 패튼은 클라크를 준장까지 진급시키는 데 겨우 성공했지만, 제4기갑사단에는 공석이 없었기 때문에 클라크는 다른 부대로 가야 했다.

한편, 제7기갑사단의 활동에 실망한 브래들리는 이 부대를 재편하기 위해 로버트 하스브룩(Robert Hasbrouck)을 사단장으로 승진시키는 한편 클라크를 전보시켜 제7기갑사단의 B전투단을 이끌도록 했다. 하스브룩과 클라크는 1944년 11월 한 달 동안 사단이 가지고 있던 여러가지 문제점들을 해결했다. 그러나 곧바로 제7기갑사단은 생비트에서 큰 시험에 들게 되었다.

이 외에도 아르덴에는 제2보병사단의 월터 로버트슨 소장과 같은 훌륭한 미군 지휘관들이 다수 있었다.

양측 전력

:: 독일군 부대

디트리히가 지휘한 제6기갑군은 '제6친위기갑군(6th SS-Panzer Army)'이라는 거창한 간판을 달고 있었지만, 실상은 육군과 친위대, 그리고 루프트바페(독일공군)의 지상전투부대 등 온갖 잡다한 부대들이 뒤섞인 잡탕부대였다. 제6기갑군이 이처럼 잡탕부대가 된 이유는, 제3제국 말기에 히틀러의 측근들이 권력을 둘러싸고 벌인 파벌싸움과 암투 때문이었다.

제6기갑군의 핵심부대는 제1친위기갑사단 '라이프슈탄다르테 아돌프 히틀러'와 제12친위기갑사단 '히틀러유겐트'를 주력으로 하는 제1친위기갑군단이었다. 이들이 속해 있던 무장친위대(Waffen-SS)는 나치정권의 근위대로서 항상 최고의 장비를 우선적으로 배정받았다. 그러나 1944년, 독일군이 여러 전선에서 치명적인 타격을 입고 지속적으로 소모됨에 따라 한때 가공할 전력을 자랑했던 이런 부대들조차 전력이 크게 저하된 상태였다.

당시 독일은 전차와 기타 무기의 생산능력에 있어 최고조에 달해 있었

전차와 더불어 벌지 북부에서 가장 많이 사용된 독일군 기갑차량 중의 하나가 바로 판터의 70구경 전차포를 장비한 4호구축전차(Jagdpanzer IV/70)였다. 사진은 제1친위구축전차대대(1st SS-Panzerjäger Abteilung) 소속으로 1944년 12월 18일 한젠전투단과 함께 레흐트-포토(Recht-Poteau) 가도상에서 미 제14기병대를 상대로 전투를 벌이고 있는 4호돌격포의 모습이다.(NARA)

지만, 연료와 숙련병의 부족으로 독일군은 이를 실질적인 전력증강으로
연결시킬 수가 없었다. 그 결과 독일의 기갑사단들은 거의 모든 측면에서
미국의 기갑사단들에 비해 상당한 열세에 놓이게 되었다. 예를 들어 제1
친위기갑사단은 4호전차(PzKpfw IV) 34대와 판터(Panther) 37대, 그리고
쾨니히스티거(Königstiger) 30대 등을 합쳐 간신히 100대를 넘긴 101대의
전차를 보유하고 있었으며, 제12친위기갑사단은 고작 39대의 4호전차와
38대의 판터 등 총 77대의 전차만을 보유하고 있었다(히틀러유겐트사단만
하더라도 1944년 6월 노르망디 상륙작전 직전에는 판터 81대, 4호전차 104대 이
외에도 각종 구축전차를 보유하고 있었다 ─옮긴이).

당시 독일 기갑사단들의 형편과 비교되는 미국 기갑사단들을 살펴보
면, 제9기갑사단은 186대의 M4셔먼(Sherman)중(中)전차를 보유하고 있었
으며, 제2, 3기갑사단을 위시한 중(重)기갑사단들은 약 230대의 중전차를
보유하고 있었다.

벌지 전투 당시 미 육군은 운용이 매우 불편한 3인치 견인식대전차포를 중심으로 대전차 방어를 실시했다. 그러나 미군의 3인치 대전차포는 동시기 대부분의 독일전차들에 대해 무력했고, 너무 무거워 운용요원들만으로는 움직이기도 힘들었다. 사진의 대전차포는 제14기병연대에 배속된 제801대전차포 대대 소속으로, 12월 17일 아침 혼스펠트(Honsfeld)에서 파이퍼전투단 선봉과의 조우전 와중에 격파되었다.

이런 상황 속에서, 취약한 전차 전력을 보강하기 위해 4호구축전차와 야크트판터(Jagdpanther)구축전차를 장비한 제506중(重)구축전차대대 (506th Schweres Panzerjäger Abteilung)가 제12친위기갑사단에 배속되었다. 독일의 기갑척탄병대대들도 원래는 모두 SdKfz251하노마그반궤도장갑차를 장비하기로 되어 있었지만, 실제로 이를 갖춘 대대는 전체의 4분의 1에 불과했다.

그러나 정작 장비부족보다 더 심각한 문제는 이들 부대에 소속된 병사들의 자질 및 훈련부족이었다. 이 문제는 지위고하를 막론하고 모든 계급에 해당되는 문제였다. 당시 제1, 12친위기갑사단은 모두 1944년 여름 노르망디에서 격전을 치르며 전멸에 가까운 타격을 입고 동년 11월에 겨우 재편을 마친 상태였다. 당시의 부대 상황에 대해 제1친위기갑군단의 한 장교는 훗날 다음과 같이 술회했다.

"기갑척탄병부대에 배속된 보충병들의 훈련상태는 엉망이었다. 이들은 입대한 지 고작 4주에서 6주밖에 되지 않은 신병들이었고, 그나마 그

기간 동안에도 연합군의 전략폭격으로 파괴된 도시의 복구나 잔해정리 작업에 동원되느라 기초적인 훈련조차 받지 못했다. 전차연대에 배속된 보충병들의 경우에는, 전차를 몰아보기는커녕 전차포를 쏴보거나 전차에 탑재된 무전기로 통신을 해보는 건 고사하고 전차를 타본 경험조차 전혀 없는 경우가 태반이었다. 운전병들의 경우에는 대다수가 면허를 따기 전 겨우 한두 시간 정도 운전을 한 것이 운전경험의 전부였다. 1944년 여름 프랑스에서 격전을 치르면서 엄청난 수의 장교들이 전사하거나 부상을 입고 전선을 떠났지만, 그 빈자리는 경험이 없는 풋내기나 책상물림 장교들이 채우는 경우가 많았다. 심지어 연대장이나 대대장들 중에서도 전투경험이 전혀 없는 사람이 많았다."

예전에는 지원자들 가운데 골라가며 선발을 했던 '무장친위대' 역시 1944년 가을 즈음에는 나이도 차지 않은 징집병이나 루프트바페(독일공군)의 지상요원까지 닥닥 긁어모아야 하는 신세가 되었다. 게다가 연료부족은 이와 같은 문제들을 더욱 심각하게 만들었다. 이 부대들은 11월 중순 겨우겨우 부대를 재편한 후에도 연료부족으로 중대급 이상의 훈련은 거의 실시하지 못했으며 실탄사격훈련도 거의 이루어지지 않았다. 공세작전을 수행할 만한 능력을 가진 사단을 1등급으로 보자면, 제1, 12친위기갑사단은 모두 방어전에나 겨우 투입될 수 있는 '3등급' 사단으로 평가되었다.

양 사단은 모두 노르망디에서 완강한 방어전으로 명성을 얻었지만, 미군을 상대로 한 공세작전에는 거의 경험이 없었다. 훈련부족으로 인해 정교한 전술은 써볼 엄두도 내지 못하고 무작정 힘으로 몰아붙이는 경향이 강했다. 인접한 제5기갑군의 참모장은, 이들 친위대 소속 부대들이 도로를 개념 없이 사용하는 바람에 엄청난 교통체증이 발생했으며 이 때문에 작전 초기에 독일군의 진격이 크게 방해받았다고 지적했다. 또한 이 부대들은 정찰능력도 형편없었다고 혹평했다. 게다가 파이퍼전투단처럼 공세의 선봉에 선 친위대의 지휘관들조차 공세작전에 있어 가교 건설이나 기타 공병부대의 지원이 얼마나 중요한지에 대해서는 전혀 관심이 없었기 때문에 가교가 미군에 의해 폭파될 때마다 작전수행에 엄청난 차질이 생겼다는 것이었다.

당시 독일군의 최정예라 할 만한 무장친위대 사단들까지 이 모양이었으니, 같은 제1친위기갑군단에 소속되어 공세 초기의 돌파임무를 수행해야 했던 3개 보병사단들의 실상이 어떠했을지는 불문가지였다. 그나마 3개 사단 가운데 최정예부대로 꼽혔던 것이 제12국민척탄병사단(VGD)이었다. 이 사단은 아헨 시 방어전에서 뛰어난 활약을 보여주었으며, 이로 인해 히틀러는 직접 이 부대를 아르덴 공세의 선봉으로 지정했다. 그러나 제12국민척탄병 사단은 가을 동안 벌어진 전투에서 많은 손실을 입었고, 12월 2일이 되어서야 독일로 철수하여 허둥지둥 아르덴 공세를 위한 재정비작업에 들어갔다.

원래 '국민척탄병(Volksgrenadier)사단'은 점차 심각해지던 보병사단의 부족 문제를 해결하기 위해 편성된 부대들로서, 일반 보병사단에 비해 장비소요가 훨씬 적기 때문에 적은 비용으로도 손쉽게 편성할 수 있었다. 일반적으로 국민척탄병사단 소속 병사들의 연령대는 평균 35세였으며, 훈련정도와 능력도 천차만별이었다. 병력 중의 일부는 육군이 활용할 수 있는 인적자원을 바닥까지 닥닥 긁어모아 확보한 인력이었고, 나머지는 해군과 공군에서 할 일이 없어 놀고 있던 지원부대들을 그러모은 것이었다.

제277국민척탄병사단은 노르망디에서 거의 궤멸되었다가, 역시 노르망디에서 박살이 났던 제374국민척탄병사단의 잔존병력을 흡수하여 1944년 9월에 헝가리에서 재편되었다. 이 사단에 충원된 인력은, 일반적인 기초훈련도 받지 못한 오스트리아 출신의 나이 어린 징집병들이나 동유럽 출신의 독일계 주민들(Volksdeutsche), 그리고 알사스 출신들이 대부분이었다.

동유럽 출신 독일계나 알사스인들에 대해서는 사단장 스스로 "신뢰할 수 없는 병사들"이라고 투덜대는 실정이었다. 이 사단은 방어에나 적합한 '전투력 3등급 사단'으로 평가되었고, 전력이 완전히 갖춰지지 않은 상황에서 가을의 대부분을 서부방벽 일대의 고정방어에 종사하면서 보병 훈련을 받지 않은 해군과 공군 인력을 보충받아 점차 전력을 증강시켰다.

미군은 1944년 여름 노르망디에서 덤불로 된 천연울타리(hedgerows)를 넘나들며 제3팔쉬름얘거사단(The 3rd Fallschirmjäger Division)과 처절한 혈전을 벌인 후, 이 공수부대 병사들이야말로 자신들이 싸워본 상대들 중에서 가장 힘든 상대였다고 평가했다. 그러나 무장친위대의 기갑사단들과 마찬가지로 이 부대 역시 노르망디에서 격전을 치르면서 전멸에 가까운 타격을 입었고 아르덴 공세 당시에는 과거의 모습과는 동떨어진 허약한 부대가 되어 있었다. 사단이 입은 손실을 보충하기 위해 배속된 병사들은 대부분 공군의 지원부대에서 차출된 인력이었으며, 강하훈련은 고사하고 기본적인 보병훈련도 받지 못한 상태였다. 노르망디에서 전사하거나 부상당한 장교들과 부사관들의 수가 엄청났기 때문에 일부 지휘관직의 경우에는 보병으로서 실전 경험이 전무한 공군의 참모장교들이 맡는 경우까지 있었다. 이들은 늦가을 내내 거의 쉴새없이 전투를 치르면서 더욱 약화되었고, 공세작전에 참가하기 위해 아르덴에 도착한 시점까지 재편성할 기회조차 거의 갖지 못했다.

디트리히의 제6기갑군에는 이 외에도 제2친위기갑군단과 제67보병군단 등 2개 군단이 더 배치되어 있었다. 제2친위기갑사단 '다스라이히(Das Reich)'와 제9친위기갑사단 '호헨슈타우펜(Hohenstaufen)'이 배치된 제2친위기갑군단은, 제1친위기갑군단이 뫼즈 강으로의 돌파구를 뚫을 때까지 예비대로서 대기하기로 되어 있었다. 따라서 그들은 아르덴 전투 초기에는 별다른 전투를 치르지 않았다. 한편, 제67보병군단은 주로 국민척탄병사단으로 구성되어 있었으며, 돌파구의 북쪽 측면에 배치되어 연합군의 반격에 대비한 차단부대로 사용될 예정이었다.

연료 문제는 독일군에게 작전기간 내내 골칫거리가 되었다. 아르덴 공세개시 직전까지만 해도 각 사단은, 일반적인 여건하에서라면 100킬로미터를 이동하기에 충분한 연료를 보유하고 있었다. 그러나 공세 전날에 전선의 집결지로 이동하면서 험한 지형과 운전병들의 경험부족 및 운전미숙으로 연료소모가 극심했던 탓에, 공격개시선에 도착한 사단들에게는 고작 50~60킬로미터 정도 진격할 수 있는 연료밖에 남지 않게 되었다. 결국 독일군은 100킬로미터를 이동할 수 있을 만한 양의 연료를 재보급하느라 1944년 12월 16일 오전까지 한바탕 난리를 치러야 했다.

원래 독일군은 이번 공세를 위해 상당한 양의 연료를 축적해놓았지만, 연료저장소가 전선으로부터 멀리 떨어진 후방에 위치해 있었기 때문에 이를 전선으로 수송하는 것도 보통일이 아니었다. 설상가상으로 독일군의 비장의 무기라고 할 수 있는 판터나 쾨니히스티거 같은 전차들은, 성능은 좋을지 몰라도 포장도로에서 이동하는 경우에도 100킬로미터당 350~500리터씩의 연료를 소모하는 '기름 먹는 괴물들'이었다. 이런 괴물들이 전선에서 대량사용되면서, 그렇지 않아도 심각한 연료문제는 더욱 골칫거리가 되었다.

독일군의 포병전력 역시 그 질(質)에 있어서는 부대별로 차이가 심했다. 각 군단은 예하 사단들의 포병대를 제외하고도 150~210밀리미터 구경의 중(重)포대대를 하나씩 추가로 보유하고 있었다. 제1친위기갑군단 역시 네벨베르퍼(Nebelwerfer)로켓포 2개 여단과 3개 중포대, 그리고 2개에서 3개의 국민포병대를 보유하고 있었다.

국민포병대의 경우에는 각각 6개 포병대대를 보유하고 있었지만, 노획한 적군의 화포를 포함한 각양각색의 화포를 사용했기 때문에 이에 맞는 탄약의 보급에 골머리를 앓아야 했다. 애초에 각 포병대에는 14일치의 탄약이 보급된 채로 작전을 시작하기로 되어 있었지만, 실제로 보급된 양은 10일치에 불과했다. 게다가 탄약집적소는 후방 멀리 떨어진 본(Bonn) 근처에 위치해 있었고, 연합군 항공부대가 독일군의 보급부대를 쉴새없이 폭격해대는 통에 공세시작 후에도 재보급은 미미한 수준에 불과했다.

:: 미군 부대

제6친위기갑군을 상대할 주요 미군 부대는 신예 제99사단과 106사단이었다. '싸우는 아가들(Battlin' Babes)'이라고 불렸던 제99사단은 지그프리트 선(Siegfried Line)의 호펜(Hofen)에서 란체라트(Lanzerath)에 이르는 선을 따라 배치된 제로우의 제5군단 담당구역의 최남단에 배치된 부대였다.

제9사단과 교대하여 11월 중순 벨기에 도착한 제99사단은 전선에 상당히 잘 적응했다. 1942년에 창설된 이 부대는 이탈리아 전투에서의 손실을 보충하기 위해 1944년 3월에 3,000명의 소총병들이 전출되었다. 이들의 빈자리는 ASTP프로그램에 소속된 젊은이들로 보충되었다.

'육군 특별훈련 프로그램(ASTP: The Army Specialized Training Program)' 은, 대학을 다니다 입대한 학생들이 학업을 지속할 수 있게 하려는 당시 육군참모총장이었던 조지 마셜 장군의 배려에서 나온 것이었다. 대학진학률이 5퍼센트도 되지 않던 시기에 똑똑한 대학생들의 재능이 낭비되는 것을 원하지 않았던 마셜은, 이들이 전장에 투입되지 않고 계속 고등교육을 받을 수 있도록 해주었다. 그러나 1944년 미군의 사상자 비율이 크게 증가하면서 즉각적인 병력보충 수요가 크게 늘어나자 ASTP프로그램이 갑작스레 종료되면서 10만 명에 달하는 ASTP 소속 대학생들이 현역병으로 배치되었다. 물론 그 중 일부는 극비의 원자폭탄 개발프로그램에 엔지니어로 투입되기도 했으며, 또 어떤 이들은 육군의 기술부서에 배치되기도 했지만 대부분은 일선 소총병으로 배치되었다.

비록 아르덴 전선이 휘르트겐 숲에 비하면 조용한 편이긴 했지만, 제99사단은 전선에 배치된 첫달 동안 약간의 사상자를 냈다. 미 육군은 동계

아르덴 전역에서 미군이 누렸던 이점들 중 하나가 바로 독일군보다 우월한 포병전력이었다. 1945년 1월 2일 베어보몽 인근에서 제82공정사단에 대한 화력지원을 제공하는 제2540야포대대 소속 155밀리미터곡사포(M114로 보인다-옮긴이).

피복과 군화의 필요성에 대해 충분한 주의를 기울이지 않았고, 유럽 전선에서 활용가능한 자원들도 터무니없이 비효율적으로 운영되었다.

　제99사단의 일부 소총소대들은 11월 하반기 동안 30퍼센트에 이르는 손실을 입었으며, 그 가운데 절반 이상은 '참호족염(trench foot)'으로 인한 것이었다. 그러나 같은 기간 동안 제99사단의 전방에 배치된 소총중대들은 개인호와 통나무 지붕을 갖춘 대피소를 구축할 시간을 가질 수 있었다. 이 개인호와 대피소들은 아르덴 전투의 전 기간에 걸쳐 독일군의 포격으로 인한 사상자 수를 크게 줄이는 데 지대한 기여를 했다. 제99사단은 구릉지대인 몽샤우 숲으로부터 남쪽으로 로스하임 인근의 개활지로 이어지는 약 12마일 길이의 구역을 담당했다.

그러나 제106사단은 제99사단만큼 운이 좋지 못했다. 제106사단은
1943년 초에 편성되어 1944년 봄에는 전투에 투입될 준비를 완료했다. 하
지만 1944년 4월에서 8월에 이르는 기간 동안, 사단 병력 가운데 7,000명
이상의 소총병들이 전선의 사상자들에 대한 보충병력으로 차출됨에 따라
사단은 껍데기만 남게 되었다. 이 빈자리는 마지막 순간에 ASTP 소속 학
생들, 대공포 및 해안포 운영요원들과 헌병 및 기타 행정병들로 채워졌
다. 이와 같은 충원작업은 1944년 10월에 사단이 영국으로 수송될 때까
지도 채 완료되지 못한 상태였다.

제106사단은 제99사단보다 부대로서의 결속력도 훨씬 떨어졌을 뿐만
아니라 전선에 배치된 시기도 훨씬 늦었고, 전장 환경에 적응할 시간도 거
의 갖지 못했다. 제106사단이 제2보병사단과 교대하여 미들턴의 제8군단
북쪽 구역을 담당하게 된 것은 독일의 공격이 시작되기 겨우 며칠 전인 12
월 11일이었다.

설상가상으로 제106사단은 슈네아이펠 고원의 독일군 쪽으로 돌출한 15마일 전선을 따라 너무 얇게 배치되어 있었다. 원래 이 지역을 담당했던 제2보병사단은 처음부터 이 지역이 지나치게 불안정하고 위험하다고 불평을 했지만, 고위사령부는 독일의 서부방벽 방어선 안쪽까지 파고든 곳에 박아놓은 부대를 빼내고 싶어하지 않았다.

제99사단과 제106사단은 북쪽으로는 제로우의 제5군단, 남쪽으로는 미들턴의 제8군단이 맞닿은 경계선에 배치되어 있었다. 양 사단 사이에는 8마일 길이의 '로스하임 간격'이 있었다. 이 간격은 2개 기갑기병정찰대대(Armored Cavalry Reconnaissance Squadrons)로 구성된 제14기병연대가 담당했다.

제14기병연대는 그 이름에서 알 수 있듯이 거점방어보다는 정찰을 주목적으로 하는 부대였다. 소부대치고는 상당한 화력을 가지고 있었지만,

로쉐라트 인근에서 전투 중인 제99사단 393보병연대 소속 소총병들. 제393연대는 쌍둥이마을 동쪽 숲에 배치되어 공격해오는 독일군에 맞서 방어전을 펼치다 큰 피해를 입고 마을로 철수했다.

1944년 12월 18일 07:30시경, 크린켈트로 공격해 들어갔다가 격파당한 제12친위기갑연대 제1중대 소속의 판터전차 5대 중의 1대. 다른 4대는 미군의 바주카포와 대전차지뢰에 격파당했다. 사진 속의 판터는 뷜링엔(Büllingen) 가도를 따라 마을을 빠져나가다 제644대전차자주포대대의 M10울버린(Wolverine)대전차자주포에 의해 11:00시경에 격파당했다. 후방에 바주카포탄 11발, 57밀리미터대전차포탄 여러 발과 3인치대전차포탄 3발을 얻어맞았다.(NARA)

대부분의 화기가 기병대의 지프(Jeep)나 경장갑차에 탑재되어 있었기 때문에 하차방어전투시에는 별로 쓸모가 없었다. '숨어서 엿보기'가 전공인 정찰대를 지역방어에 사용한다는 것부터가 문제였지만, 제대로 된 방어선을 구축하기에는 병력배치 역시 너무나 얇았다. 공세작전시에야 기동성 좋은 이런 기병대를 진격하는 군단의 측면방호부대로 배치하는 것도 드문 일은 아니었지만, 그렇다고 이들 부대가 방어시에도 같은 임무를 수행하기에 적절한 부대는 아니었다.

　제14기병연대의 제1정찰대대는 12월 10일 전선에 배치되었지만, 제2정찰대대는 12월 15일이 되어서야 배치되었다. 역사적으로 공격군의 주요 침입루트로 사용되었던 지역을 방어임무에 적합하지 않은 부대가 방어

서쪽을 바라보고 촬영된 쌍둥이마을의 항공사진. 왼쪽이 크린켈트, 오른쪽이 로쉐라트다.(MHI)

하게 되었다는 의미였다. 독일군이 기나긴 연합군측 전선 중에서도 특별히 이 지역을 노리게 된 것도 우연이 아니었다.

공격해오는 독일군의 구성을 생각해 보았을 때, 미 육군의 대전차 능력에 대해서도 한 번쯤 살펴볼 필요가 있다. 미군 보병사단의 기본적인 대전차 방어책은 영국의 6파운드포를 면허생산한 57밀리미터대전차포였다. 이 포는 각 사단에 57문씩, 각 연대에 18문씩 배치되어 있었다. 그러나 1944년 즈음 이 포는 이미 구식이 되어 있었고, 벌지 전투에 대한 공식전사(戰史)는 이 포를 두고 '전차의 밥'이라며 신랄한 평가를 내리고 있다. 이보다 쓸모있었던 무기는 속칭 '바주카'로 더 잘 알려진 2.35인치 대전차로켓포였다. 각 사단은 이 무기를 557문씩 보유하고 있었는데, 일반적으로 각 소총분대마다 1문씩 배치되었다. 2.35인치 로켓포는 당시 독일의 동급 대전차무기였던 '판처파우스트(Panzerfaust)'나 '판처슈렉(Panzerschreck)' 만큼 위력적이진 않았지만, 배짱좋은 병사라면 이 무기로 측면이나 후방을 잘 노려서 독일전차를 주저앉힐 수 있었다.

또한 대부분의 보병사단에는 36문의 3인치대전차포를 장비한 대전차포대대가 배속되어 있었다. 그러나 튀니지 전투에서 독일군 전차에 그토록 뜨거운 맛을 보고도 제대로 교훈을 얻지 못한 미군은, 1943년 봄에 대전차포대의 조직을 개편하면서 상당수의 M10대전차자주포를 견인식대전차포로 바꿔버렸다. 견인식대전차포대대는 유럽 전선에서는 매우 부적당한 것으로 드러났다. 그럼에도 불구하고 생비트 구역의 보병부대에 배속된 2개 대전차포대대는 견인식대전차포를 보유하고 있었고, 불운한 제14기병대에 배속된 대대 역시 사정은 마찬가지였다.

그러나 미군의 배치에는 몇 가지 장점도 있었다. 전투로 단련된 제2보병사단은, 제106사단의 도착과 함께 12월 초에 슈네아이펠 지역에서 빠져나와 12월 중순으로 예정된 제5군단의 공세작전에 참가하기 위해 북쪽으로 전환배치되었다. 하지만 아르덴 공세가 개시될 무렵 이 사단의 몇몇 부대들은 여전히 제99사단과 혼재되어 배치되거나 엘젠보른 능선 인근에 주둔하고 있었다.

제2보병사단은 제99사단이나 제106사단보다 훨씬 우수한 전투준비태세를 갖추고 있었고, 독일군의 총공세가 시작된 이후 '벌지(Bulge)', 즉 독일군의 공격으로 인해 형성된 돌출부의 북쪽 측면이 더이상 확대되지 않도록 저지하는 데 있어 핵심적인 역할을 수행했다.

:: 전투서열 – 벌지 북부지역

독일군

제6기갑군   **요제프 디트리히 친위상급대장**
제1친위기갑군단   헤르만 프라이스 친위중장
제1친위기갑사단   빌헬름 몬케 친위준장
제12친위기갑사단   후고 크라스 친위대령
제12국민척탄병 사단   게르하르트 엥엘 소장
제277국민척탄병사단   빌헬름 비에빅 대령
제3팔쉬름얘거사단   발터 바덴 소장
제150기갑여단   오토 슈코르체니 친위중령

제5기갑군   **하소 폰 만토이펠 대장**
제66군단   발터 루흐트 포병 대장
제18국민척탄병사단   귄터 호프만–쉔보른 대령
제62국민척탄병사단   프리드리히 키텔 대령
제116기갑사단   지크프리트 폰 발덴부르크 소장
총통경호여단   오토 레머 대령

미군

제1군   **코트니 H. 하지스 중장**
제5군단   르로이 T. 제로우 소장
제2보병사단   월터 M. 로버트슨 소장
제99보병사단   월터 E. 라우어 소장

제8군단   트로이 H. 미들턴 소장
제106보병사단   앨런 W. 존스 소장
제9기갑사단 B전투단   윌리엄 호지 준장

제18공수군단 (12월 20일)   매튜 B. 리지웨이 소장
제82공정사단   제임스 M. 가빈 소장
제7기갑사단   로버트 W. 하스브룩 소장
제30보병사단   리랜드 S. 홉스 소장

| 전투 개시 |

1944년 12월 16일 토요일 미명, 마치 무슨 멜로드라마 제목처럼 '가을안개(Herbstnebel)'라는 이름으로 재명명된 아르덴 공세가 드디어 시작되었다. 제1친위기갑군단 포병대는 해가 뜨기 약 두 시간 전인 05:30시에 포격을 개시했다. 이 공격준비사격은 미군이 전초진지로 구축해놓은 참호선 위에 떨어졌다. 독일군의 포탄은 나뭇가지에 걸려 공중에서 폭발하는 경우가 많았다. 이는 노출된 병력에게는 치명적인 타격을 주었겠지만, 통나무로 지붕을 인 참호선에 틀어박힌 미군 보병들에게는 그다지 큰 효과를 보이지 못했다.

시가전에 전차연대를 투입하기로 한 제12친위기갑사단장 크라스의 결정 때문에 독일군은 크린켈트 마을에서 많은 전차를 잃어야 했다. 사진에 나온 2대의 전차 중에서 포신이 찢겨나가고 전소된 앞쪽의 전차는 쿠르트 브로델(Kurt Brodel) 친위대위의 탑승차량으로 추정된다. 사진 속의 판터전차들은 마을 성당 맞은편에서 싸우다 격파당했다. (NARA)

포격이 시작되고 5분 후, 독일의 탐조등부대가 전장의 전방을 밝혔다. 훈련받은 대로 탐조등들이 낮게 깔린 구름층을 비추자, 전장은 으스스한 빛깔로 모습을 드러냈다. 포격 15분째, 독일군 포병대는 포격목표를 2차 방어선과 핵심 교차로로 돌렸다. 이 포격은 많은 유선통신선을 절단시켰다는 점에서 미군 전초선에 대한 포격보다는 훨씬 큰 성과를 거두었다.

보다 후방의 미군 방어선에 대한 포격이 두 차례 더 가해진 후 07:00시가 되자 마침내 포격이 멈췄다. 독일공군도 공격을 지원하기로 되어 있었으나 낮게 깔린 구름 탓에 실행되지 못했다. 제6기갑군은 선봉 기갑부대들의 공격을 위해 다섯 개의 진격로를 설정하고 이를 각각 '롤반(Rollbahn) A, B, C, D, E'로 명명했다.

롤반A와 B의 개통 - 쌍둥이마을의 전투

전선 최북단 지역에서 독일군은, 호펜으로부터 발러샤이트에 이르는 미 제99사단 방어선의 좌익을 돌파하기 위해 제67군단을 통해 몽샤우 숲에 공격을 가했다. 공세는 제326국민척탄병사단에 의해 인근의 휘르트겐 숲과 비슷한 숲이 우거진 구릉지대로부터 시작되었다.

그러나 적절한 기갑부대의 지원을 동반하지 못한 이 공격은 곧 미 제99사단 제395보병연대의 방어선 앞에서 완전히 기세가 꺾였다. 미군의 연대 포병대는 미리 전방에 배치되어 있던 미군 소총소대 진지의 포격좌표를 확보해놓았다가, 미국 보병들이 잘 엄폐된 개인호에 숨어 있는 동안 독일 보병들이 전방 참호선에 도달하자 무자비한 포격을 퍼부었다.

이 지역에서 독일군의 공세는 별다른 진전을 보이지 못했다. 다음날 이루어진 공격도 마찬가지의 결과를 맞았고, 동 사단은 공격개시선으로 후퇴하여 아르덴 전투기간 내내 그곳에 머물렀다.

제1친위기갑군단이 담당한 지역의 북부구역에서 가장 중요한 목표는 크린켈트(Krinkelt)라는 작은 마을이었다. 이 마을은 인근의 로쉐라트

'독일전차들의 무덤'이 된 쌍둥이마을에서 격파당한 또 한 대의 히틀러유겐트 사단 소속 판터G형 전차.(MHI)

(Rocherath)라는 마을과 거의 붙어 있었고, 따라서 '크린켈트-로쉐라트 전투'는 '쌍둥이마을 전투'로 알려지게 된다. 크린켈트 마을 바로 옆으로는, 엘젠보른의 옛 벨기에군 기지가 위치한 호헤스펜(Hohes Venn) 습지 전면의 능선으로 이어지는 두 도로의 접합점이 자리하고 있었다. 독일군으로서는 공세목표를 달성하기 위해서 이 도로교차점을 꼭 확보해야만 했다.

독일군의 최초 공격은 제277국민척탄병사단이 미 제99사단 393보병연대가 지키고 있던 숲 지대를 공격하면서 시작되었다. 제393연대는 단지 2개 대대만을 보유하고 있었고, 그나마 제2대대는 아르덴 공세가 시작되기 바로 며칠 전 취소된 로어 강 공격작전에 동원되어 있었다. 이 대대들은 처음에는 인터내셔널(International) 고속도로를 따라 숲 지대의 동쪽 가장자리에 위치한 참호선에 배치되어 있었다. 393연대 담당구역 방어의 핵심은 쌍둥이마을 전면의 탁 트인 경작지로 연결되는 슈바르첸브루흐(Schwarzenbruch)와 바이센슈타인(Weissenstein) 소로를 지키는 것이었다.

공세 첫날의 공격을 담당한 것은 제277사단의 2개 연대였다. 제989척탄병연대는 홀러라트(Hollerath)로부터 슈바르첸브루흐 소로를 따라서, 그

5. 12월 18일 08:30시: 독일군의 공격에 마침내 미 제2보병사단 제9보병연대 K중대의 방어선이 무너지다. K중대원 가운데 겨우 1명의 장교와 10여 명의 병사들만이 빠져나왔다.

6. 12월 18일 13:00시: 제9보병연대 1대대가 제741전차대대 소속 전차 4대의 엄호를 받으며 철수하다.

4. 12월 17일: 해가 진 후 어둠을 틈타 헬무트 차이너(Helmut Zeiner) 지휘하의 4호구축전차 4대와 기갑척탄병 1개 소대가 라우스델 교차로의 방어선을 우회하여 로쉐라트로 진입하다.

7. 12월 17일 18:40시: 라우스델 교차로를 우회한 독일군 기갑부대가 미 제38보병연대 A중대에 대한 공격을 시작하다.

9. 12월 18일 오전: 독일군 전차대가 로쉐라트로 돌입하기 시작하다. 엄호하던 기갑척탄병들이 미군 포화에 막대한 손실을 입었다. 이후 미군의 바주카포 공격에 독일군 전차 다수가 격파당했다.

10. 12월 18일: 로쉐라트에서 기갑척탄병의 엄호를 받는 독일 전차들이 미군 방어병력을 소탕하면서 치열한 시가전이 벌어지다.

발러사이트

로쉐라트

엘젠보른

크린켈트

11. 12월 18일: 5대 정도의 판터전차들이 마을 중심으로 뚫고 들어가 미군지휘소에 포격을 가하지만 그 과정에서 4대가 격파당하다. 남동쪽으로 빠져나간 판터전차 1대가 M10 울버린대전차자주포에 격파당했다.

13. 12월 18일 일몰 후: 월터 로버트슨 제2보병사단장이 미군 수비대에게 비르츠펠트(Wirtzfeld) 방면으로 철수하라는 명령을 하달하다.
12월 19일: 제1친위기갑군단장 헤르만 프라이스가 히틀러유겐트사단에게, "마을의 미군 잔존병력 소탕임무를 제3기갑척탄병사단에게 맡기고 철수할 것"을 지시하다.

비르츠펠트

빌링엔

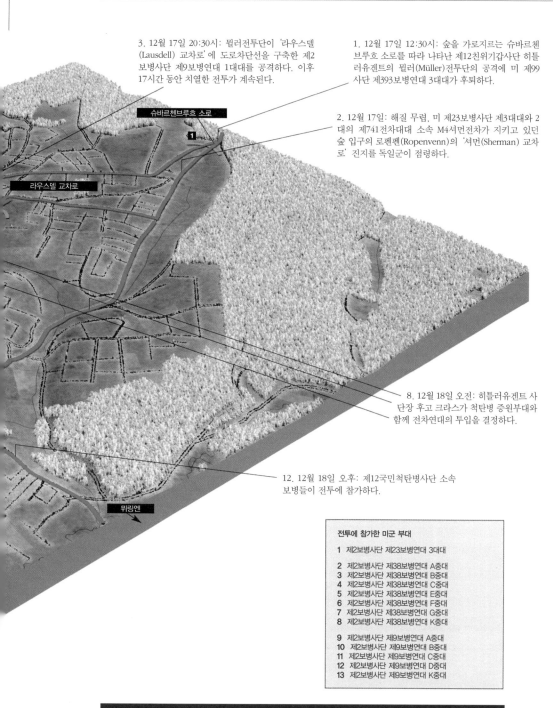

3. 12월 17일 20:30시: 뮐러전투단이 '라우스델(Lausdell) 교차로'에 도로차단선을 구축한 제2보병사단 제9보병연대 1대대를 공격하다. 이후 17시간 동안 치열한 전투가 계속된다.

1. 12월 17일 12:30시: 숲을 가로지르는 슈바르첸브루흐 소로를 따라 나타난 제12친위기갑사단 히틀러유겐트의 뮐러(Müller)전투단의 공격에 미 제99사단 제393보병연대 3대대가 후퇴하다.

2. 12월 17일: 해질 무렵, 미 제23보병사단 제3대대와 2대의 제741전차대대 소속 M4셔먼전차가 지키고 있던 숲 입구의 로펜펜(Ropenvenn)의 '셔먼(Sherman) 교차로' 진지를 독일군이 점령하다.

슈바르첸브루흐 소로

1

라우스델 교차로

8. 12월 18일 오전: 히틀러유겐트 사단장 후고 크라스가 척탄병 증원부대와 함께 전차연대의 투입을 결정하다.

12. 12월 18일 오후: 제12국민척탄병사단 소속 보병들이 전투에 참가하다.

뮈링엔

전투에 참가한 미군 부대

1	제2보병사단 제23보병연대 3대대
2	제2보병사단 제38보병연대 A중대
3	제2보병사단 제38보병연대 B중대
4	제2보병사단 제38보병연대 C중대
5	제2보병사단 제38보병연대 E중대
6	제2보병사단 제38보병연대 F중대
7	제2보병사단 제38보병연대 G중대
8	제2보병사단 제38보병연대 K중대
9	제2보병사단 제9보병연대 A중대
10	제2보병사단 제9보병연대 B중대
11	제2보병사단 제9보병연대 C중대
12	제2보병사단 제9보병연대 D중대
13	제2보병사단 제9보병연대 K중대

쌍둥이마을의 전투

1944년 12월 17일~18일에 걸쳐 미 제2보병사단 제9, 38보병연대 예하 부대들이 방어하고 있던 크린켈트-로쉐라트 쌍둥이마을에 대해, 제12친위기갑사단 히틀러유겐트가 막대한 피해를 입어가며 실시한 일련의 공격들을 남서쪽에서 바라본 전황도.

화질이 선명하지 않지만, 이 사진은 벌지 전투의 중요한 고비에 촬영된 것이다. 1944년 12월 20일, 크린켈트-로쉐라트 마을이 독일군의 손에 들어간 뒤 접근해오는 독일군을 저지하라는 임무를 맡은 1대의 M7프리스트105밀리미터자주포가 엘젠보른 능선으로 향하는 도로교차점 인근을 경계하고 있는 모습.(NARA)

리고 제990척탄병연대는 노이호프(Neuhof)로부터 바이센슈타인 소로 방면으로 각각 공격을 개시했다. 또다른 세 번째 연대를 동원하여 뮈링엔(Mürringen)으로 가는 남쪽 소로를 통해 '롤반B'로 가는 통로를 개척한다는 계획은 해당 부대가 늦게 도착하는 바람에 포기할 수 밖에 없었다. 그대신 기존의 두 통로 모두 쌍둥이마을을 통과하도록 재조정되었다.

공격군의 전력이 부족할 것을 우려한 히틀러유겐트 사단장 후고 크라스 대령은, 만약 필요한 경우에 더욱 강력한 공격을 가할 수 있도록 제2친위기갑척탄병연대 1개 대대에 4호구축전차의 지원을 붙여 전투단을 편성

크린켈트-로쉐라트 방어의 핵심은 바로 미군의 포병대였다. 쌍둥이마을 전투가 절정에 달했을 무렵에는 8개 미군 야포대대가 투입되어 3만 발에 가까운 집중포화를 퍼부었다. 사진은 12월 20일 엘젠보른 능선에 자리잡은 제2보병 사단 제38야포대대의 모습.

했다.

첫날 벌어진 전투에서 제989척탄병연대는 공격을 시작하자마자 미 제 393연대 3대대의 중대 하나를 분쇄한 후, 제393연대의 2개 대대 사이에 위치한 숲속으로 파고들어 숲 가운데 위치한 얀스바흐(Jansbach) 천(川)에 도달했다. 하지만 독일군의 공격은 목표지점 훨씬 못 미쳐 정지되었다. 그 러나 제393연대 3대대도 거의 절반에 달하는 손실을 입어야 했다.

더 남쪽에 배치된 제990척탄병연대는 공격준비사격이 끝나고 30분이 나 지난 뒤에 공격을 시작하는 바람에 그 사이 모든 준비를 갖춘 미군 보

독일전차들의 무덤–1944년 12월 18일 크린켈트에서 벌어진 제2보병사단과 제12친위기갑사단의 대결(84~85쪽)

제12친위기갑사단 히틀러유겐트의 지휘관인 크라스 장군은, 뒤쳐진 일정을 빨리 따라잡아야 한다는 조바심에 크린켈트에서 미군을 몰아내기 위해 전차연대를 투입하기로 결정했다. 12월 18일, 짙은 안개가 끼고 얼음같이 차가운 비가 내리는 상황에서 미 제99보병사단 '싸우는 아가들'의 신참병사들은 전투로 단련된 제2보병사단의 병사들과 함께 크린켈트 마을을 지키고 있었다. 크린켈트와 로쉐라트는 당시 벨기에 시골에서 흔히 볼 수 있는 농촌 마을로서, 석조로 된 튼튼한 건물들로 이루어져 미군들에게 이상적인 방어거점을 제공해주었다. 독일군 전차대를 지원해주어야 할 기갑척탄병들은 마을에 도달하기도 전에 미군의 치열한 소화기사격으로 전차들과 분리되고 말았고, 판터전차들은 거의 장님이나 다름없는 상태로 보병의 지원 없이 시골마을의 좁은 골목길을 엉금엉금 기어내려갈 수 밖에 없었다. 제2차 세계대전 시기 최고의 전차 중 하나로 꼽히는 판터전차도 이런 시가전에 적절한 전차는 아니었다. 판터전차의 측면과 후방은 미군 보병들의 신뢰성 떨어지는 바주카포탄에도 쉽게 뚫렸고, 그날 하루종일 독일군 전차들은 미군의 대전차화력에 무자비하게 사냥당하는 신세로 전락했다. 그림의 바주카포 사수**1**는 그런 대전차팀의 일원이며, 다른 보병들은 미군의 집중사격을 뚫고 마을까지 도달한 소수의 독일군 기갑척탄병들로부터 이들이 공격받지 않도록 엄호하고 있다. 또 이들 바주카포팀들은 몇 대의 미군 중(中)전차들과 M10대전차자주포의 지원을 받았다. 그림 속의 찢겨져나간 판터전차의 포신은, 이것이 바주카포가 아니라 고속대전차철갑탄에 명중당했다는 것을 보여주고 있다. 그림 속의 판터는 판터 시리즈 중에서 가장 진화한 G형(Ausf. G)으로서, 마을의 성당 맞은편 거리에서 격파, 전소되었다. 이 전차는 적갈색 기본 바탕 위에 다크옐로우와 다크올리브그린으로 위장무늬를 그려넣고 있다. 부대번호나 기타 마킹도 매우 평범한 편이다. 포탑의 3개 숫자는 소속부대 표시로서, 첫 번째 숫자는 중대, 두 번째 숫자는 소대를 나타낸다. 국적 표시도 그닥 두드러져 보이지 않도록 그려져 있다. 그림의 미군 병사들은 1944년 12월 벌지 전투 당시 미군 병사들이 착용했던 다양한 전투복들을 보여주고 있다. 미군은 동계전투 준비가 제대로 되어 있지 않았으며, 그러다보니 병사들에게 잡다한 동계피복을 지급할 수밖에 없었다. 그나마 가장 실용적이었던 것은 1943년 모델의 야전상의**2**로서, 보온을 위해 스웨터 및 기타 피복류와 함께 껴입을 수 있도록 디자인되었다. 그러나 이 야전상의는 수량이 부족했으며, 따라서 많은 미군 병사들은 편리한 야전상의 대신 구식의 거추장스런 1942년형 멜튼(Melton)오버코트**3**를 입고 싸워야만 했다. 이 오버코트는 12월 초 벨기에의 날씨에는 특히나 최악의 선택이었다. 전투 초기 며칠 동안 얼음처럼 차가운 비가 자주 내렸고, 이 코트는 빗물을 그대로 빨아들였다. 코트가 일단 젖고 나면, 얼어붙을 듯이 추워지는 밤의 기온으로부터 몸을 전혀 보호해주지 못했다. 일부 미군 병사들은 그보다 더 구식인 매키노(Mackinaw)자켓**4**을 지급받기도 했으나, 이 자켓은 오버코트만큼 많이 지급되지는 않았다. 당시 미군 보병들의 제식화기는 M1개런드(Garand)반자동소총이었으며, 분대지원화기였던 BAR(Browning Auto-matic Rifle, 브라우닝 자동소총)의 지원을 받았다.(그림: 하워드 제라드)

병들로부터 뜨거운 환영을 받아야 했다. 독일군 보병들은 들판을 지나 숲으로 접근하면서 미군측의 소화기 및 화포의 집중사격을 받았다. 사단장은 38(t)구축전차를 보강하여 다시 한 번 공격을 시작했으나 이 역시 무위로 돌아갔다.

계속되는 실패에 열이 받은 사단장은 예비대였던 제991척탄병연대까지 투입하여 미군의 저항선을 우회하려고 시도했으나 이 공격도 별 소득 없이 실패하고 말았다. 그러나 그 과정에서 미 제393연대 1대대는 거의 30퍼센트에 달하는 손실을 입었다. 물론 독일군의 손해도 막심했으며 특히 장교들 가운데 사상자가 많았다. 훈련도 제대로 받지 못하고 자질도 부족한 신병들을 데리고 전투를 하자니 고위지휘관들이 직접 선두에서 이들을 이끌어야 했기 때문이었다.

결국 3일간 벌어진 이 전투에서 제277국민척탄병사단은 대대장 전원과 중대장의 80퍼센트, 부사관의 대다수를 잃고 차후 공격작전을 수행할 능력을 상실하고 말았다. 공격 초반부터 줄줄이 발생하는 지연에 화가 난 프라이스 군단장은, 다음날 벌어질 진격로 개통작전을 돕도록 히틀러유겐트사단에게 특수임무부대 투입을 명령했다.

당시 미군측 상황을 살펴보면, 공세 첫날 제1군 지휘관이었던 하지스는 독일군의 행동이 미군의 공격을 무산시키기 위한 방해작전이라 생각하고 제2보병사단에게 로어 강 댐에 대한 공격을 재개할 것을 명령했다. 그러나 정오가 되면서 제2보병사단장인 월터 로버트슨 소장은 독일군이 대공세를 개시했으며 사단 측방의 안전을 확보하는 것이 시급하다는 사실을 깨닫고 서둘러 엘젠보른 능선을 강화하기 위해 부대를 재배치했다. 그는 12월 16일에 제23보병연대 3대대에 비상을 걸어 크린켈트로 이동시켰으며, 이 부대는 그날 오후 늦게 크린켈트에 도착하여 숲이 끝나는 지점에 있는 두 주요 소로의 교차점에 자리를 잡았다.

12월 17일 새벽, 미 제393연대 3대대장은 슈바르첸브루흐 소로를 따라 반격을 가할 것을 명령했다. 그러나 그 사이 독일군 쪽에서도 지원을 나온 기갑부대가 제989척탄병연대와 합류했다. 아침 일찍 양측은 서로에 대한 공격을 시작했고, 비록 독일의 구축전차 2대가 바주카포에 손상을 입었지만 전력이 약했던 미군의 반격은 바로 막혀버렸다. 결국 미군은 독일군의 압박을 받으면서 숲의 서쪽 끝으로 철수할 수밖에 없었다. 서쪽 끝에는 제23보병연대 3대대로부터 새로 도착한 1개 중대와 M4전차 2대가 방어하고 있는 도로차단선이 구축되어 있었다.

국민척탄병들은 계속 숲속에서 두 대대 사이의 간격을 뚫고 들어왔고, 후방이 차단되는 사태를 막기 위해 결국 11:00시에 제393연대 1대대에 철수명령이 떨어졌다. 그 뒤를 쫓아 제25친위기갑척탄병연대의 1개 대대가 슈바르첸브루흐 소로를 따라 공격을 속행했으나 제23보병연대 제3대대의 싱싱한 전력과 갑자기 조우하면서 많은 사상자를 냈다. 그러나 독일군의 구축전차들이 도착하면서 상황이 일변하여 미군 진지는 곧 분쇄되었다.

숲지대의 경계선에 도달할 무렵, 독일의 구축전차들은 제741전차대대 소속의 M4전차 2대로부터 사격을 받게 되지만 곧 이들을 격파했다. 그러나 격렬한 전투가 밤까지 이어지면서 독일군 기갑척탄병대대는 막대한 손실을 입었고, 일부 중대에서는 부사관들이 중대를 지휘하는 지경에 이르렀다.

정오가 되기 직전, 크라스 제12친위기갑사단장은 적잖이 지연된 일정을 보다 강력한 공격으로 만회하고자 판터전차대대와 제25기갑척탄병연대의 잔존병력, 그리고 돌격포대대를 투입하기로 결정했다.

12월 17일 해질 무렵, 제277국민척탄병사단 제989척탄병연대가 간신히 숲을 돌파해 나오자 제990척탄병연대는 "무익한 공격을 중단하고 후방으로 철수하라"는 명령을 받았다. 숲을 돌파하는 과정에서 국민척탄병들이 보여준 전투수행능력에 크게 실망한 크라스는 그들 대신 친위기갑척탄병들에게 밤새도록 공격을 계속할 것을 명령했다.

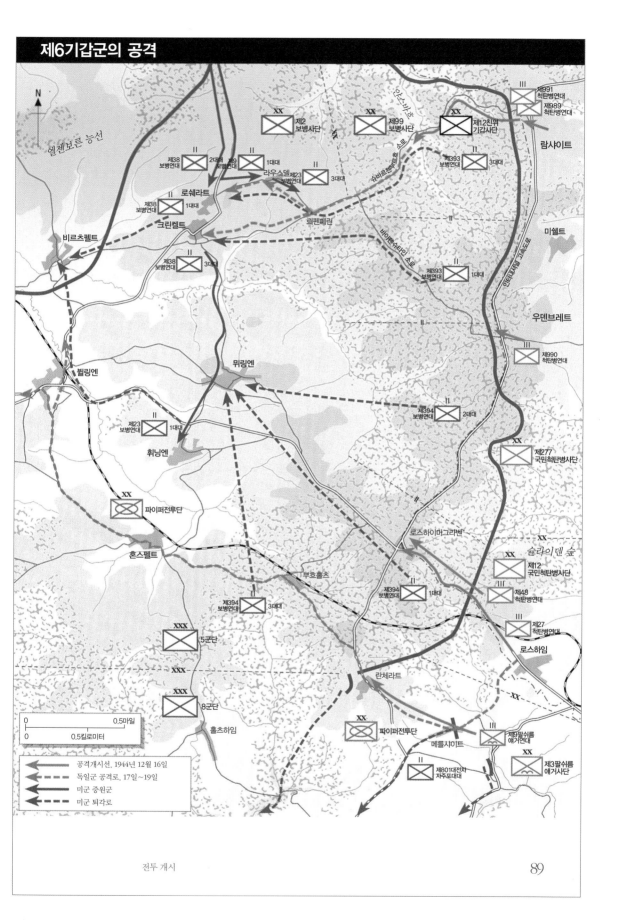

엘첸보른 능선

제2
보병사단

제99
보병사단

제12친위
기갑사단

제991
척탄병연대

제989
척탄병연대

람샤이트

제38
보병연대

2대대

제9
보병연대

1대대

라우스델제23
보병연대

3대대

슈바르첸브룩

로트

제393
보병연대

3대대

로쉐라트

제38
보병연대

1대대

크린켈트

뤽펜페리

바이펜슈타인 소로

제393
보병연대

1대대

미쉘트

비르츠펠트

제38
보병연대

3대대

인터나치알 고속도로

우덴브레트

제990
척탄병연대

뮈링엔

제394
보병연대

2대대

제23
보병연대

1대대

제277
국민척탄병사단

휘닝엔

파이퍼전투단

혼스펠트

부흐홀츠

제394
보병연대

1대대

로스하이머그라벤

슐라이덴 숲

제12
국민척탄병사단

제48
척탄병연대

제394
보병연대

3대대

제27
척탄병연대

로스하임

5군단

8군단

홀츠하임

란체라트

파이퍼전투단

메를샤이트

제9팔쉬름
얘거연대

제3팔쉬름
얘거사단

제801대전차
자주포대대

| 0 | | 0.5마일 |
| 0 | | 0.5킬로미터 |

공격개시선, 1944년 12월 16일

독일군 공격로, 17일~19일

미군 증원군

미군 퇴각로

제23보병연대 3대대와 제393보병연대 3대대의 잔존병력이 숲 경계선에서 철수하자, 미 제2보병사단 9보병연대 1대대장 윌리엄 맥킨리(William Mckinley) 대령과 휘하 600여 명의 장병들은 전방으로 전진하여 로쉐라트 인근의 라우스델(Lausdell) 교차로 주변에 방어진지를 구축했다. 라우스델 교차로에서는 숲으로부터 로쉐라트의 북쪽 끝으로 연결되는 소로를 모두 감제할 수 있었다.

이 대대는 로어 댐 탈취작전에 참가하여 발러샤이트 인근에서 벌어진 며칠간의 전투에서 거의 절반에 가까운 손실을 입었는데, 제9보병연대 3대대의 K중대가 배속된 뒤에도 여전히 대대 정원수를 채우지 못하고 있는 상태였다. 하지만 맥킨리 미국 전(前)대통령의 손자이자 할아버지와 똑같은 이름을 가진 맥킨리 대령은 이곳을 고수하기로 결의하고, 바주카포 병들로 대전차팀을 조직하는 한편 부대원들로 하여금 도로 주변에 대전차 지뢰를 매설하도록 했다.

눈보라 속에서 해가 지자, 4대의 4호구축전차를 동반한 독일군 보병들이 숲으로부터 미군 방어선을 침투해 들어왔다. 이들은 라우스델 교차로에 구축된 차단선을 우회하여 크린켈트 마을 광장까지 뚫고 들어갔다. 몇 대의 M4셔먼전차와 M10대전차자주포, 그리고 4호구축전차가 뒤죽박죽이 되어 전투가 시작됐고, 미군 병사들과 독일군 기갑척탄병들 사이에서도 치열한 시가전이 벌어졌다.

후속하는 독일군 대열은 교차로의 맥킨리 부대가 유도하는 미군의 포격을 고스란히 뒤집어썼다. 그러나 어둠과 안개를 방패 삼아 독일군 부대는 계속 미군의 방어진지를 뚫고 마을로 침입했다. 라우스델과 그 주변에서는 혼란 속에서 격전이 계속되었고, 미군 보병들의 바주카포 공격과 함께 독일군 대열 앞에 매설된 지뢰로 인해 몇 대의 독일군 기갑차량이 격파되었다.

22:30시, 독일군은 더욱 병력을 증강하여 교차로에 대해 제병 합동공

격을 가했다. 라우스델 진지는 미군의 방어에 있어 핵심적인 부분이었고, 미군은 맥킨리 대대와의 무선통신이 두절되었음에도 불구하고 독일군의 공격을 차단하기 위해 7개 포병대대 총 112문에 달하는 곡사포를 동원하여 가용한 모든 화력을 쏟아부었다. 라우스델로 이어지는 모든 도로에 세상천지를 뒤엎을 듯한 포격이 쏟아졌고, 마침내 23:15시에 독일군의 공격은 돈좌되었다.

12월 17일, 맥킨리 부대가 라우스델 교차로를 지키면서 흘린 피 덕분에 제2보병사단은 제38보병연대를 크린켈트-로쉐라트 지구로 이동시켜 엘젠보른 능선으로 가는 접근로를 지키는 방어선을 구축할 수 있었다. 또한 이 방어선을 제741전차대대와 제644대전차포대대로 강화할 수 있는 시간도 벌 수 있었다.

12월 18일 이른 아침, 크라스는 어떻게든 미군의 도로차단선을 뚫어보려고 남아 있던 기갑척탄병대대와 함께 잔존 전차연대까지 모조리 쏟아부었다. 맥킨리는 "새벽이 되기 전에 마을로 철수하라"는 명령을 받았지만, 독일군의 공격이 한 발 더 빨랐다.

이른 아침, 부슬비와 안개 속에서 판터전차들이 전초선을 깔아뭉개며 전진해와서는 미군 참호에 영거리사격을 퍼부었다. 처절한 혼전 속에서 한 미군 보병중대장은 자기 중대의 머리 위로 포격을 해줄 것을 요청했다. 이 포격으로 독일군의 공격은 멈출 수 있었지만, 그 중대원들 중에서 생존자는 12명에 불과했다.

맥킨리 대대는 전멸에 가까운 손실을 입으면서도 방어선을 고수했지만, 대부분의 독일군은 라우스델 교차로를 남쪽으로 우회하여 로쉐라트로 바로 쏟아져 들어갔다. 11:15시, 마침내 맥킨리 부대에 철수명령이 떨어졌다. 부대가 철수하는 동안 숲으로부터 가해지는 독일군의 공격을 저지하기 위해 "포격과 함께 4대의 M4셔먼전차로 국지적인 반격을 가하여 맥킨리 부대가 독일군 전차들 사이를 뚫고 로쉐라트로 퇴각할 수 있는 통로

를 열어주라"는 명령이 내려왔다.

원래 600명이었던 맥킨리 대대원들 가운데 로쉐라트의 미군 진지까지 후퇴해 올 수 있었던 병사들은 217명에 불과했다. 제23보병연대의 젊은 중대장으로 이 전투에 참가하고 이후 미 육군 전사(戰史)연구자가 된 찰스 맥도널드(Charles B. McDonald)는 훗날 다음과 같이 술회했다.

"벌지 전투에서 압도적인 독일군의 공격을 맞아 방어에 나섰던 미군 부대들 가운데 맥킨리 대대보다 더 용맹하거나 큰 희생을 치른 부대는 없었다."

라우스델 교차로에 대한 공격 외에도, 독일군은 전차의 지원을 받아 남쪽과 북쪽으로부터 쌍둥이마을을 공격했다. 그날 공격은 남쪽의 뮈링엔 지구에서 올라온 제12국민척탄병사단의 증원을 받아 이루어졌다. 그러나 대부분의 독일군 보병들은 미군의 포격과 소화기사격으로 전차와 분리되어버렸고, 판터전차들은 보병의 지원도 거의 받지 못한 채 쌍둥이마을의

제2보병사단 소속 부대 일부가 크린켈트–로쉐라트에서 치열한 전투를 벌이는 동안, 제2사단 제9보병연대 2대대는 발러샤이트 인근에 있는 '단장의 교차로'로부터 크린켈트 서쪽의 간격을 메우기 위해 비르츠펠트 부근으로 이동했다. 12월 20일, 엘젠보른 능선을 통과중인 제9보병연대 2대대 병사들의 모습.(NARA)

석조 건물들 사이를 돌아다니며 미군 바주카팀들과 목숨을 건 숨바꼭질을 벌였다. 한 독일군 전차장은 나중에 쌍둥이마을이 "독일전차들의 무덤"이었다고 표현했다.

그날 마을 내에서는 하루종일 치열한 시가전이 벌어졌지만, 해질 무렵에도 크린켈트와 로쉐라트는 여전히 미군의 손아귀에 들어 있었고, 일부 독일군 전차와 보병들은 소부대 단위로 마을 가장자리에 포위되어 있었다.

12월 18일 저녁, 양측은 현 상황을 평가한 후 앞으로 어떤 조치를 취해야 할지를 놓고 골머리를 앓고 있었다. 제프 디트리히는, 이제 작전일정의 지연이 불가피하다는 사실을 깨닫고 프라이스에게 "크린켈트–로쉐라트에서 손을 떼고 히틀러유겐트를 남쪽 루트로 이동시키자"고 제안했다. 그러나 남쪽으로는 이미 롤반C와 D가 빌링엔을 지나고 있는 상황이었기 때문에 프라이스는 그의 제안을 따르려 하지 않았다. 만약 디트리히의 제안을 따른다면, 독일군의 5개 주요 진격로 중 4개가 빌링엔 인근의 협로로 집중되고 남은 하나의 북쪽 진격로는 엘젠보른 능선을 타고 넘어야만 했다.

결국 프라이스는 타협책으로, 히틀러유겐트를 빼내는 대신 크린켈트와 로쉐라트가 정리되는 대로 제3기갑척탄병사단으로 엘젠보른 능선에 대한 공격을 속개하는 데 동의했다. 그와 거의 동시에 미군측의 로버트슨 소장은 크린켈트-로쉐라트 지구의 방어가 더이상 유지불가능하며, 이제 엘젠보른 능선으로 철수할 때가 되었다고 결론을 내리고 있었다.

다음날 아침, 독일군 보병들이 전차의 지원을 받아 다시 한 번 쌍둥이마을에 대한 공격을 재개했지만 곧 미군의 8개 야포대대로부터 격렬한 포탄세례를 받게 되었다. 13:45시경, 로버트슨은 쌍둥이마을에서 싸우고 있던 미군 지휘관들에게 무전으로 철수를 명령했다. "일몰 후 17:30시에, 로쉐라트 북쪽 가장자리를 지키고 있는 부대로부터 시작하여 중앙부, 그리고 크린켈트 남쪽 가장자리를 지키고 있던 부대 순으로 점진적으로 철수하라"는 내용이었다.

철수목적지는 쌍둥이마을 다음으로 큰 마을인 서쪽의 비르츠펠트였다. 철수대열의 후위는 소수의 M4셔먼전차와 M10울버린대전차자주포가 맡게 되었다. 철수작전은 어둠 속에서 성공적으로 진행되었다.

크린켈트-로쉐라트에서의 전투는 제12친위기갑사단 히틀러유겐트의 진격을 3일 동안이나 효과적으로 저지했다. 독일군의 계획에 따르면 히틀러유겐트사단은 공격개시 이틀째에는 뫼즈 강변에 도착해야 했지만, 실제로는 10킬로미터도 채 전진하지 못한 상태였다. 쌍둥이마을의 방어전은 미 제5군단에게 엘젠보른 능선을 따라 견고한 방어선을 구축할 수 있게 했고, 독일군에게는 뫼즈 강으로 갈 수 있는 최단거리 통로를 차단할 수 있는 시간을 주었다.

전후에 이루어진 미국측 연구에 따르면, 이 전투에서 히틀러유겐트가 111대의 전차와 돌격포, 그 외 기타 장갑차량들을 상실했다고 한다. 그러나 이는 과장된 수치라고 볼 수 있다. 물론 독일측의 기록도 결코 완벽하다고는 할 수 없다 하더라도, 여러가지 정황을 고려해볼 때 크린켈트-로쉐라트 지구에서 상실된 전투차량은 약 60여 대로 추정된다. 그 가운데 총 31대의 전차와 돌격포, 14대의 경장갑차가 완파된 것으로 추정된다.

그러나 장비의 손실보다 더 심각한 타격은 전체적인 작전일정의 지연이었다. 잃어버린 장비는 보충할 수 있었지만 잃어버린 시간은 되찾을 방법이 없었다.

| 롤반C와 D의 개통 – 로스하이머그라벤과 부흐홀츠 역 |

제6군 담당구역의 도로망에서 가장 중요한 도로들은 로스하임에서 서쪽으로 나오는 도로들이었다. 원래 독일군의 계획에서는 제277국민척탄병사단이 히틀러유겐트사단을 위해 우덴브레트(Udenbreth)에서 뮈링엔까지 통로를 개척하기로 되어 있었으나, 제277사단의 도착이 지연됨에 따라 이 계획은 실현이 불가능하게 되었다. 대신에 롤반C와 D 모두 로스하임에서 출발하게 되었고, 따라서 계획상으로는 주력 전투집단인 제1친위기갑사단과 제12친위기갑사단 모두 로스하임에서 공격을 시작하게 되었다. 그러나 히틀러유겐트사단이 크린켈트와 로쉐라트에서의 전투, 그리고 이후 돔 뷔트겐바흐(Dom Bütgenbach)에서의 전투로 발이 묶임에 따라 롤반C를 따라 기갑부대를 진격시킨다는 계획은 결국 실현되지 못했다.

이 지역의 도로망을 장악하기 위해, 독일군은 제12국민척탄병사단을 동원하여 로스하임에서 로스하이머그라벤과 빌링엔으로 가는 도로로 연결되는 인터내셔널 고속도로를 따라 공격을 시작했다. 제12국민척탄병사단은 2개 연대로 공격을 시작했는데, 제27척탄병연대는 인터내셔널 고속도로를 따라 올라가면서 공격을 개시했고, 제48척탄병연대는 슐라이덴 숲을 통과하며 공격을 개시했다. 당시 미군은 이 지역에 제99사단 394연대 예하 3개 대대를 바이센슈타인(Weissenstein)에서 부흐홀츠 철로에 이르는 약 3마일 구간의 인터내셔널 고속도로의 동쪽 측면에 전개해놓고 있었다.

12월 17일 뷜링엔에서 벌어
진 전투 중, 파이퍼전투단의
선봉을 구성했던 베르너 슈
테르네벡(Werner Sterne-
beck) 친위중위 휘하의 4
호전차 1개 중대는 길을 잃
었다. 그들은 예정대로 비르
츠펠트를 향해 마을 서쪽으
로 나오는 대신 북쪽으로
나오고 말았다. 마을에서
1마일 정도 떨어진 지점에
서 제644대전차자주포대대
의 M10울버린대전차자주포
에 격파당한 선두의 4호전
차 두 대 중 한 대.

제48척탄병연대의 공격은 처음부터 엉망으로 진행되었다. 1개 대대는
어쩌다 공격준비사격의 탄막에 걸려들어 총 병력의 60퍼센트를 잃어버렸
고, 그 결과 북쪽 지구의 제394연대 2대대에 대한 공격은 완전히 힘이 빠
져버렸다. 그러나 로스하임에서 뻗어나가는 중요 통로를 따라 이루어진
공격은 그보다는 훨씬 수월하게 진행되었다. 오후가 되자 제394연대 1대
대의 1개 중대가 분쇄되었고, 다른 중대는 큰 손실을 입었다. 그러나 제27
척탄병연대의 지휘관이 강력하게 저항하는 미군을 처리하기 위해 1개 대
대를 남쪽으로 돌리면서부터 이 지역에 대한 공격의 강도는 점차 줄어들
었다.

부흐홀츠 기차역은 제99사단 담당구역의 최남단에 위치해 있었는데,
제99사단 394보병연대 3대대가 지키고 있었다. 이 대대는 북쪽 두 이웃동
네의 미군들과는 달리 참호선에 배치되지 않고 역 주변의 열차 조차장에

서 사단의 기동 예비로 대기중이었다. 공격준비사격 직후 제27척탄병연대는 이른 아침 지면에 낮게 깔리는 안개를 은폐물 삼아 부흐홀츠 역을 지키고 있던 미군을 쓸어버리려고 시도했지만, 이들은 개활지에서 미군의 포화에 두들겨맞고 큰 손실을 입은 후 퇴각해야 했다. 11:00시경에는 증원 부대까지 동원하여 다시 공격을 해보았지만 역시 미군진지를 점령하는 데는 실패했다.

자신의 부대 위치가 매우 위태롭다는 사실을 깨달은 미군 대대장은 연대장의 허가를 얻어, 해가 진 후 2개 소대만 역에 남긴 채 보다 방어가 용이한 로스하이머그라벤 인근으로 병력을 물렸다. 저녁 무렵, 제27척탄병연대는 로스하이머그라벤 전면의 미군진지 주변을 정찰했다.

그날밤, 계속되는 작전지연에 화가 난 제1친위기갑군단장은 제12국민척탄병사단의 장교들을 찾아와 "무슨 수를 쓰더라도 새벽까지는 로스하이머그라벤을 점령하라"고 쐐기를 박아놓고 돌아갔다.

독일군은 포격을 퍼부은 후 새벽이 되기 전에 또다시 공격을 시작했다. 마을 내부와 인근 숲에 걸쳐 치열한 전투가 벌어졌고, 제394보병연대 1대대는 결국 진지를 사수해냈지만 매우 심각한 손실을 입었다. 이른 아침, 미군 연대장은 숲지대로부터 병력을 철수시켜 뮈링엔 동쪽 구릉지대에 새로운 방어선을 구축하기로 결정했다.

독일군의 공격이 실패한 이유 중 하나는 원래 공격을 지원하기로 되어 있었던 사단 직할 3호돌격포들이 전선 후방에서 엄청난 교통체증에 꼼짝 달싹 못했기 때문이었다.

13:00시, 독일군이 기갑차량의 지원을 받아가며 공격을 재개했는데 이번에는 소수의 미군 후위대와 벌인 전투 외에는 별다른 저항을 받지 않았다. 한편, 제48척탄병연대의 1개 대대는 뮈링엔을 향해 고속도로를 타고 달려갔지만, 그 과정에서 아직 철수하라는 지시를 받지 못한 제394보병연대 2대대와 맞닥뜨리면서 발이 묶이고 말았다. 로스하이머그라벤에

서 저항하던 미군의 마지막 후위대는 15:00시가 되어서야 독일군에게 항복했다.

로스하이머그라벤에서 전투가 진행되는 동안, 제2보병사단으로부터 증원부대로 파견된 제23보병연대 제1대대는 12월 17일 새벽 전에 휘닝엔(Hünningen) 마을에 도착했다. 이들은 그날 오후에 벌어진 미군의 철수작전을 지원하는 한편 제12국민척탄병사단이 숲속에서 나올 수 없도록 견제했다.

인근 뮈링엔 마을에서는 제394보병연대의 잔존병력이 급히 방어선을 구축했지만, 독일군이 3호돌격포 10대의 지원을 받아가며 야습을 감행하자 결국 자정경에 마을을 내주었다. 이틀 정도 지연되었지만 마침내 공격루트 중의 하나가 열린 것이다.

| 롤반E – 크레빈켈과 란체라트 |

제1친위기갑군단을 위해 최남단의 통로를 개척할 임무를 맡은 부대는 바로 제3팔쉬름얘거사단이었다. 전선을 따라 울창한 삼림지대가 있는 북쪽의 제5군단지역의 여건과는 달리, 이 지구는 탁트인 경작지로 이루어져 있었다. 이 지구에서 독일군과 미군 사이의 전력 차이는 엄청났고, 따라서 이 임무는 돌파작전에서 가장 쉬운 임무가 될 것으로 예상되었다.

목표는 미군 군단 간의 경계선에 난 틈이었는데, 이 간격을 지키는 미군 부대는 제14기병연대 하나밖에 없었다. 일반적으로 이 정도의 간격을 커버하기 위해서는 (1개 보병대대 전력밖에 되지 않는 제14기병연대 정도의 부대가 아니라) 1개 보병사단 전체가 필요했다. 게다가 제14기병연대 지휘관이었던 마크 디바인(Mark Devine) 대령은 휘하의 2개 정찰대대 중 하나를 전선으로부터 거의 20마일이나 후방에 예비대로 배치해두고 있었다.

원래 이 구역을 담당하고 있던 제2보병사단은 독일군의 공격에 대비하여 로스하임 간격을 지키기 위한 방어계획을 수립해놓고 있었다. 이 계획

에 따르면, 독일군의 공격이 있을 경우 먼저 전초진지를 만더펠트(Mander-feld) 능선으로 철수시키고, 미리 설정해놓은 사격계획에 따라 방어선 전면에 포격을 가한 후 슈네아이펠 지구로부터 반격을 가하기로 되어 있었다. 그러나 12월 11일, 제106사단이 제2사단과 교대하여 이 지구를 인수하면서 이 계획은 흐지부지되었다.

바덴(Wadehn) 소장이 지휘하는 제3팔쉬름얘거사단은 작전개시 당시에 이미 상당히 약체화된 상태였지만, 어쨌든 예하 2개 연대를 전선에 배치해놓고 있었다. 제9팔쉬름얘거연대는 란체라트(Lanzerath)라는 작은 마을을 점령하기로 되어 있었고, 제5팔쉬름얘거연대는 롤반E의 명목상 출발점인 크레빈켈(Krewinkel)을 점령하라는 임무를 받았다.

공식적으로 란체라트의 방어는 제14기병연대에 배속된 3인치견인식 대전차포소대가 맡고 있었다. 그러나 독일군의 공격준비사격이 끝난 후 공수부대원들이 도로를 따라 마을을 향해 전진해오는 모습을 보자 이 부

대는 마을을 버리고 철수해버렸다.

이 부대 외에 이 지역에 있었던 유일한 미군 부대는 라일 벅(Lyle Bouck) 중위가 지휘하는 제394보병연대 제1대대 소속의 정보 및 정찰소대(I&R Platoon)였다. 그러나 제99사단의 남측 경계선을 담당했던 이 정찰소대는 그나마 소대 정원을 다 채우지도 못한 상태였다.

마을로 들어오는 독일군과 짧막한 탐색전을 벌인 후, 벅 중위는 순식간에 분대규모로 줄어버린 자신의 소대를 란체라트 외곽 숲의 경계선을 따라 구축된 참호선에 배치했다. 여기서 미군 병사들은 독일군 1개 팔쉬름얘거대대가 마치 한가로이 행군이라도 하는 듯한 모습으로 마을에서 공격해오는 모습을 보자 황당해졌다.

약 100명의 공수부대원들이 참호선 100미터 전방에서 산병선을 구성하고 개활지를 돌격해왔는데, 당연히 이들은 미군에게 거의 '학살'을 당하고 말았다. 그런데도 독일군은 그날 하루 동안 똑같은 방식의 어처구니

이 사진은 벌지 전투 기간에 독일측이 촬영한 것들 가운데 가장 유명한 사진 중 하나로, 1944년 12월 18일 포토로 향하는 카이저바라케(Kaiserbaracke) 교차로의 표지판 앞에 멈춰선 슈빔바겐(Schwimm- wagen: 독일군 수륙양용 차량) 한 대를 촬영한 것이다. 좌측 인물은 종종 요헨 파이퍼(Jochen Peiper)로 오인되기도 했다. 그러나 사실 사진 속의 등장인물들은 크니텔(Knittel)전투단 소속의 오크스너(Ochsner, 왼쪽) 친위하사와 페르신(Persin, 운전병 뒤쪽) 친위중사였다. 이 사진은 미 제3기갑사단이 노획한 4통의 필름으로부터 현상된 것들 중 한 장이다.(NARA)

없는 정면돌격을 두 번 더 반복했고, 그때마다 무시무시한 손실을 입을 수밖에 없었다. 덕분에 벅과 그의 부하들은 방어선을 지킬 수 있었지만, 그들 역시 대부분 부상을 당하고 탄약도 거의 소비한 채 기관총들은 고장이 나버린 상황이었다.

늦은 오후, 이런 터무니없는 전술과 말도 안 되는 손실에 격분한 독일

12월 18일의 전투 도중,
SdKfz234/1 8륜정찰차가 친
위대병사들을 싣고 전방으
로 이동하는 모습.(NARA)

군의 한 노련한 부사관이 마침내 폭발했다. 경험이라고는 전혀 없는 후방
부대 공군참모장교였던 지휘관에게 그가 "당장 무모한 정면공격을 중단
하고 미군진지를 우회해서 공격해야 한다"고 대들듯이 따지고 나서야 독
일군은 전술을 바꿨다. 덕분에 미군진지는 순식간에 유린됐고, 벅 중위를
포함한 생존자들은 모두 포로로 잡혔다.

　벅의 소대는 대통령 부대표창을 받고 벅과 그의 부하들은 5개의 수훈
십자장과 5개의 은성훈장을 받았다. 이로써 벅의 소대는 전쟁 중 가장 많
은 훈장을 탄 부대가 되었다. 그러나 그보다 더 중요한 사실은, 채 1개 소
대도 되지 않는 병력이 1개 연대 병력을 하루종일 붙잡아두었으며, 그 결
과 제1친위기갑사단의 진격도 더불어 막혀버렸다는 점이었다.

　이에 반해 크레빈켈의 미군 방어선은 훨씬 빨리 붕괴됐다. 크레빈켈은

제14기병연대 18기병정찰대대 C중대 소속의 1개 소대가 참호선에 들어가 지키고 있었다. 란체라트와 마찬가지로 제5팔쉬름얘거연대는 미군 방어진에 정면공격을 가했다가 막대한 손실을 입었다. 그러나 미군진지가 너무나 얇게 구축되어 있었기 때문에 독일군은 미군 방어진을 그냥 지나쳐 서쪽으로 전진을 계속했다.

제14기병연대 지휘관이었던 마크 디바인 대령은 제106사단에게 "예전 방어계획대로 증원을 보내달라"고 요청했으나, 그런 계획이 있었다는 사실도 거의 모르고 있던 제106사단은 이 요청을 거부했다. 결국 다음날 아침 일찍 디바인은 부하들에게 만더펠트로 후퇴하라는 명령을 내릴 수밖에 없었다.

기병연대가 11:00시에 크레빈켈로부터 철수하자 인근의 압스트(Abst)와 베케라트(Weckerath)의 미군 부대들도 함께 철수해버렸다. 로트(Roth)의 미군 방어진은 독일군에게 쓸려버렸고, 코프샤이트(Kobsheid)의 방어진은 날이 어두워지길 기다려 철수해야 했다.

제32기병정찰대대가 오후 늦게 만더펠트 인근에 도착했지만, 이 무렵에는 이미 독일군이 파도처럼 쏟아져 들어오고 있었다. 제18기병정찰대대의 잔존병력들은 16:00시에 만더펠트를 버리고 정찰대대본부가 있는 로츠하임으로 향했다. 이제 롤반E와 로스하임 간격을 지키는 미군의 모습은 찾아볼 수 없게 되었으므로 독일군은 마음대로 이 지구를 통과할 수 있었다.

│ 슈네아이펠과 제106사단 │

비록 독일 제6기갑군의 진격로상에 위치해 있지는 않았지만, 제106사단과 생비트는 북부지구의 독일군 아르덴 공세의 성패와 떼려야 뗄 수 없는 관계를 가지고 있었다. 당시 제106사단은 북쪽에 제14기병연대를 측면보호부대로 두고 약 15마일 길이의 전선을 지키고 있었다. 제106사단 예하 제422, 423보병연대는 아이펠 고원에서 독일군 쪽으로 돌출한 슈네아이펠 능선의 삼림지대에 주둔하고 있었다.

원래 이 지역을 담당했던 제2보병사단은 이 지역이 방어하기 어려운 지역임을 잘 알고 있었다. 그들은 만약 독일군이 공격해올 경우 아우브-블라이알프(Auw-Bleialf) 능선 주변의 보다 방어하기 용이한 선까지 후퇴하면서, 그 과정에서 절약된 1개 연대로 고작 1개 기병연대가 지키고 있는 로스하임 간격의 방어를 보강한다는 계획을 세웠다. 물론 제106사단장 앨런 존스(Alan Jones) 소장도 이러한 계획들에 대해 대강은 알고 있었다. 하지만 그가 자신이 처한 위기상황을 제대로 파악하기도 전에 독일군의 공격이 시작되고 말았다.

제106사단의 2개 연대가 배치된 지역은 험한 삼림지대로 이루어져 있는데다 제대로 된 도로도 없어 방어하기에는 매우 적합한 지형이었다. 그러나 이 지역의 측면에는 로트(Roth)에서 아우브(Auw)로, 그리고 젤러리히(Sellerich)에서 블라이알프로 가는 두 개의 도로들이 지나고 있었다.

독일군 척탄병사단들의 전투력이 시원치 않다는 사실을 깨달은 만토이펠은 제5기갑군으로 돌파를 이루어내기 위해서는 보다 훌륭한 전술이 필요하다는 사실을 깨달았다. 공세 전, 독일군 정찰대들은 전투경험이 별로 없는 미 제106사단이 12월 10일에 도착한다는 사실을 알아냈다. 공세 기도가 노출될까봐 일체의 정찰활동을 금한 히틀러의 명령을 어기고 만토이펠은 예하 부대에 정찰활동을 허용했고, 그 결과 만토이펠은 허약한 제14기병연대가 지키고 있는 북쪽의 로트와 베케라트 사이에 약 2킬로미터의 간격이 있다는 사실을 발견했다.

만토이펠은 슈네아이펠 지구의 미군 방어선이 너무나 취약하기 때문에 1개 사단만으로도 능히 우회할 수 있다고 생각했다. 그래서 그는 주력부대가 북쪽의 로스하임 간격을 뚫고 나가도록 진격로를 설정했다. 그 임무는 제18국민척탄병사단에게 떨어졌다.

제18국민척탄병사단은 9월 벨기에의 몽(Mons) 포위망에서 분쇄된 제

뒤쪽의 마을성당을 배경으로, 제1친위기갑사단 소속 쿠벨바겐(Kubelwagen: 정찰 및 지휘관용 차량) 한 대가 격파당한 미 제820대전차포대대의 3인치대전차포 옆을 지나고 있는 모습. 이 대전차포는 1944년 12월 18일 메를샤이트(Merl-scheid) 소읍에서 로스하임 간격으로 진격하는 독일군을 저지하려다가 격파당했다.(NARA)

18공군 야전사단의 잔존병력을 기반으로 편성된 부대였다. 특별히 경험이 많거나 훈련이 잘된 부대는 아니었지만, 가을 내내 전선을 지키면서도 거의 손실을 입지 않았다. 이 사단이 주도하는 북쪽 로트에 대한 공격에는 2개 보병연대, 사단 포병대, 지원돌격포여단이 참가할 예정이었지만, 남쪽을 담당한 전투단은 자주포대의 지원을 받는 1개 보병연대만으로 구성되어 있었다. 슈네아이펠 전면에는 고작 1개 증원대대만 주둔했을 뿐이었다. 이는 만토이펠이 미군의 동쪽 반격 가능성은 거의 없다고 판단했기 때문이었다. 슈네아이펠 남쪽에 주둔하고 있던 미 제106사단의 세 번째 연대인 제424보병연대는 제62국민척탄병사단이 맡기로 되어 있었다.

앞서 언급했듯이 초기 공격에서 제5기갑군의 전술은 이웃한 제6기갑군과는 상당히 달랐다. 만토이펠은 주요 포병사격이 이루어지기 전에 보병을 미리 침투시키기로 결정했다. 그러한 계획에 따라 독일군 보병은 04:00시부터 어둠 속에서 이동을 개시하여 로스하임 간격에 점점이 흩어

미군 포로 행렬 옆을 지나는 쾨니히스티거의 모습. 옆을 걸어가는 미군 포로들은 대부분 12월 17일의 전투에서 사로잡힌 미 제99사단 소속 병사들이다. 이 사진 속의 쾨니히스티거는 후방에 멀리 보이는 메를샤이트 마을을 배경으로 파이퍼전투단의 출발지점인 란체라트로 향하고 있다.(NARA)

져 있던 미군의 방어진 사이를 뚫고 침투해 들어갔다. 짙은 안개와 비를 동반한 아침의 흐린 날씨가 작전을 더욱 용이하게 해주었다. 또한 만토이펠은 휘하의 보병장교들에게, 전방의 미군 방어진을 고립시켜야 하므로 진격중에 발견되는 모든 통신선을 절단하라고 특별히 지시했다.

북쪽 지구의 주력 공격부대는 미군에 발각되지 않고 로트와 베케라트의 기병연대 전초진지를 지나쳐 새벽이 되기도 전에 아우브의 외곽에 도착했다. 독일군 포병대가 미군 기병연대가 주둔한 마을들에 대한 포격을 개시한 것은 08:30시가 지나서였다. 이 무렵에는 이미 독일군 보병들의 공격이 시작된 상태였다.

로트와 코프샤이트의 제14기병연대 소속 미군 수비대는 이날 오후 늦게 항복했다. 보다 북쪽에 위치했던 제14기병연대의 잔존병력은 그날 오후 늦게 제106사단으로부터 "안들러(Andler)에서 홀츠하임에 이르는 능선으로 후퇴해도 좋다"는 허가를 받았다. 이 지역에서 계속 저항하던 제592

야포대대는 독일군 3호돌격포들의 직접공격을 받았다. 영거리사격으로 돌격포의 공격은 막아냈지만, 저녁이 되면서 포대는 매우 취약한 상황에 놓이게 되었다.

제106사단 소속 부대 중에서 우익으로부터 독일군의 공격에 최초로 직면한 부대는 고립된 제424보병연대였다. 헤쿠샤이트(Heckhuscheid) 인근의 고지대에 참호를 파고 들어앉아 있던 제424보병연대는 제62척탄병사단과 제116기갑사단의 기갑척탄병들의 공격을 받았다.

첫 번째 공격은 별다른 성과 없이 끝났지만, 곧 슈네아이펠에 주둔한 다른 2개 연대로부터 제424보병연대를 고립시키기 위한 2차공격이 하브샤이트(Habscheid) 도로를 따라 시작되었다. 이때 제424보병연대는 가벼운 손실을 입었지만, 전투경험이 별로 없었던 제62국민척탄병사단은 많은 손실을 입었고 특히 장교들 사이에서 많은 사상자가 발생했다.

1944년 12월 17일, 제3팔쉬름얘거사단이 혼스펠트를 탈취하는 데 실패하자 격분한 파이퍼는 팔쉬름얘거 1개 대대를 빼앗아와 자신의 전투단에 편입시켰다. 1944년 12월 18일에 리뉴빌(Ligneuville) 인근에서 촬영된, 제501친위중(重)전차대대(501st schweres SS-Panzer Abteilung) 소속의 소바(Sowa) 중사가 지휘하는 쾨니히스티거 뒷쪽에 편승한 제3팔쉬름얘거사단 병사들의 모습.(NARA)

근처에서 싸우던 제18국민척탄병사단도 비슷한 처지에 놓여 있었다. 이 부대는 오후 늦게 블라이알프까지 진출하는 데는 성공했지만, 그 과정에서 상당한 희생을 치러야 했다.

1944년 12월 17일 벌어진 전투 이후, 란체라트와 메를샤이트 사이에서 촬영된 미 제99사단 소속 미군 포로들의 모습. 이 사진은 롤반D를 따라 진격하던 크니텔전투단에 종군했던 독일군 사진반이 촬영했던 일련의 사진 중 한 장이다.(NARA)

만토이펠의 침투전술이 어느 정도 성공을 거두고 해가 질 때까지 독일군의 공격은 상당한 진전을 보였지만, 독일군 지휘부가 희망했던 것만큼은 아니었다. 제18국민척탄병사단의 북부공격집단은 로트-코프샤이트 지역뿐만 아니라 제106사단 북쪽 측면 후방의 아우브 인근에도 진출했다.

슈네아이펠의 남쪽 측면에서는 침투가 그렇게 깊숙이 이뤄지지는 않았다. 하지만 독일군은 블라이알프 도로를 따라 상당한 거리를 파고들어 갈 수 있었다. 만토이펠은 밤을 새워서라도 목표지점을 반드시 확보하라고 계속 휘하 지휘관들을 몰아붙였다.

지나치게 늘어난 전선 때문에 제106사단이 예비대를 확보할 수 없게 되자, 제8군단 지휘관인 미들턴 소장은 페어몽빌(Faymonville) 부근에 주둔하고 있던 제9기갑사단 B전투단(CCB)을 제106사단에 배속시켰다. 상황의 심각성을 파악한 브래들리도 위기에 빠진 미들턴의 8군단에 제7기갑사단을 투입했다.

그날 저녁, 미들턴은 제106사단장 존스 소장과 전화통화를 했다. 이 전화통화는 벌지 전투 전체를 통틀어 가장 논란이 되는 대목이다. 미들턴은 제7기갑사단의 B전투단을 생비트로 보내주겠노라고 약속했지만, 존스 소장은 이 부대가 12월 18일까지 도착할 것이라고 잘못 이해했다. 사실 네덜란드에서 출발하여 퇴각하는 병사들과 피난민들로 가득찬 도로를 따라 부대가 이동해야 한다는 점을 감안하면, 이는 거의 불가능한 일이었다.

1944년 12월 18일, 라글레즈로 가는 길목의 라보(La Vaux)-리하르트(Richard) 인근에서 하인리히 골츠(Heinrich Goltz) 본부중대장(좌측)과 지도를 보며 협의중인 크니텔전투단의 지휘관 구스타프 크니텔(Gustav Knittel) 소령(우측). 크니텔 소령은 원래 제1친위기갑사단의 기갑수색소대 지휘관이었다.(NARA)

설상가상으로, 미들턴과 존스가 슈네아이펠에서 노출된 2개 연대에 대한 향후계획을 논의하던 도중 전화교환수의 실수로 전화선이 끊겼다가 다시 연결되는 일이 발생했다. 그 결과는 매우 불행한 것이었다. 미들턴은 존스가 그 2개 연대를 슈네아이펠에서 철수시키라는 자신의 명령을 이해했다고 생각했지만, 정작 존스는 해당 연대들을 현 위치에 유지하겠다는 자신의 계획이 승인을 받았다고 생각했다.

이러한 통신상의 혼선을 알아차리지 못한 앨런 소장과 그의 참모들은 고립된 제424보병연대를 증원하기 위해 제9기갑사단 B전투단을 남쪽 측면에 전개시키고, 로스하임 간격에 침투한 독일군에 대한 반격작전에는 제7사단 B전투단을 투입함으로써 슈네아이펠 지역의 2개 연대를 지켜내기로 했다.

제9기갑사단 B전투단은, 독일군이 제424보병연대와 슈네아이펠 사이로 침투하는 것을 막고자 새벽녘에 생비트를 지나 빈터슈펠트(Winterspelt)로 이동했다. 그러나 이 시점에 빈터슈펠트는 이미 독일군의 손아귀에 들어가 있었다.

미 제14전차대대가 엘쉐라트(Elcherath) 인근의 우르(Our) 강 서쪽 제방에서 독일의 제62국민척탄병대대와 충돌하면서 첫 접전이 벌어졌다. 12월 17일 이어진 전투에서 제424보병연대와 남측의 미 제28사단과의 접촉이 끊어졌지만, 제9사단 B전투단만으로는 슈네아이펠에 뚫려버린 틈을 메울 수가 없었다.

그날 저녁, 존스 소장은 제424보병연대에게 서방으로 철수하도록 허가하면서 "생비트 방면을 방어할 수 있도록 우르 강을 따라 제9사단 B전투단과 함께 방어선을 구축하라"는 명령을 내렸다.

12월 18일, 로스하임 간격에서 벌어진 전투에서 레흐트와 포토 사이의 가도를 따라 이동하던 제14기병연대의 일부 부대들이 한첸(Hansen)전투단에게 매복공격을 당했다. 사진 속의 유기된 M8그레이하운드장갑차 2대는 모두 제14기병연대 제18기병정찰대대 C중대 소속 차량이다.(NARA)

12월 16일 밤에서 17일 새벽에 이르는 시간 동안, 제18국민척탄병사단의 2개 전투단이 제106사단 예하 2개 연대의 측방에 계속 압박을 가해옴에 따라 슈네아이펠 지역의 상황은 점점 더 긴박해졌다.

05:30시, 남쪽 측면에서는 블라이알프가 독일군의 격렬한 공격을 받고 순식간에 점령되었다. 블라이알프를 점령한 제293척탄병연대는 쇤베르크를 목표로 별다른 저항도 받지 않고 진격을 계속해나갔다.

한편, 생비트에 있는 존스와 슈네아이펠에 고립된 2개 연대의 지휘관들 사이에서 통신이 제대로 이루어지지 않으면서 미군의 방어는 더욱 약화되었다. 이는 독일군 보병들이 통신선이 발견되는 대로 모두 잘라버렸기 때문이기도 하지만, 전투경험이 별로 없었던 제106사단이 독일군의 공격이 시작되기 전에 무선망을 확실하게 확립해두지 않았기 때문이기도 했다.

제14기병연대에 대한 매복공격 후 독일군의 전투사진반(Kriegsberichter)은 불타는 미군 차량을 배경으로 일련의 연출사진을 촬영했다. 그리고 이 필름들은 나중에 미군에게 노획되어 독일군측에서 촬영한 벌지 전투 관련 사진들 중 전후까지 남아 있는 유일한 사진들이 되었다. 이 사진은 격파된 M2A1반궤도장갑차를 배경으로 드라마틱한 포즈를 취하고 있는 한 친위병장의 모습을 보여주고 있다. 이 병사는 독일군 사진반이 촬영한 다른 사진에도 자주 등장한다.(NARA)

12월 17일경이 되자 북쪽 측면에서는 제14기병연대가 저항할 기력을 거의 상실하고 안들러와 쇤베르크로 무질서하게 퇴각했다. 그러나 그 과정에서 제14기병연대의 북부 잔존부대들은 진격하는 제1친위기갑사단과 맞닥뜨리게 되었다.

슈네아이펠에서 포위된 제106사단 소속 부대들 가운데 유일하게 부대로서의 결속을 잃지 않고 탈출한 몇 안 되는 부대들은 소수에 불과했다. 사진은 그 중 하나인 아이반 롱(Ivan Long) 중위(가운데)가 지휘하는 제423보병연대 정보정찰소대의 모습이다. 이 소대를 비롯하여 제423연대 병사들 중 약 70명 정도가 항복명령을 거부하고 탈출, 12월 20일 밤에 생비트에 도착했다.(NARA)

정오경, 제32기병정찰대대의 생존자들은 생비트 접근로상의 발러로데(Wallerode)에, 그리고 제18기병정찰대대는 좀더 북서쪽의 보른(Born)에 위치해 있었다.

쉔베르크 인근에서 철수하려던 미군의 포병대가 진격하는 독일군 대열과 맞닥뜨리면서, 제18국민척탄병사단의 양날개가 이제 슈네아이펠 후방에서 연결되었다는 것이 분명해졌다.

09:00시에 제106사단의 2개 연대에 대한 독일군의 포위망이 일단 완성되었지만, 이렇게 보더라도 이 포위망이 결코 완전한 것은 아니었다. 진격의 선봉에 선 독일군 대대들은 "계속 서쪽으로 전진하라"는 지시를 받은 상태였고, 덫에 걸린 미군부대 주변에 견고한 포위망을 구성하려는 시도도 전혀 이루어지지 않고 있었다.

독일군의 바다에 빠진 미군 2개 연대는 일단 주변에 방어선을 구축하고 앞으로의 행동에 대해 지시를 받기 위해 생비트의 사단사령부와 접촉을 시도했다. 사단사령부는 이들에게 "12월 18일에 구원부대가 서쪽으로

1944년 12월 28일, 만헤이 (Manhay) 인근에서 슬리핑백을 말고 있는 제424보병연대 3대대 C중대 소속 병사들의 모습(오른쪽 병사는 'M3그리스건'을 갖고 있다-옮긴이). 미 제106보병사단 소속 2개 연대가 슈네아이펠에서 포위됐지만, 보다 남쪽에 배치된 제424보병연대는 포위를 면했다. 그들은 이후 생비트 방어전에도 참가했으며, 생비트 방어전 이후에는 제7기갑사단 B전투단과 함께 이 지역으로부터 철수했다. 오른쪽 병사의 소매 상단에 제106보병사단의 '황금 사자' 마크가 보인다.(NARA)

부터 돌파작전을 시도할 것이며, 공중투하를 통해 탄약을 보급해주겠다"고 통지했다.

처음에 존스 소장은 제7기갑사단 B전투단이 곧 도착하면 이들 연대를 구원할 수 있을뿐더러 신속한 공중보급을 통해 탄약과 식량부족 문제도 해결해줄 수 있을 것으로 믿었다. 그러나 시간이 지나면서 이런 낙관론은 점차 현실성을 잃어갔다. 공중보급 요청은 비능률적인 관료주의의 행정절차 속에서 시나브로 실종되어 버렸고, 결국은 어떠한 보급시도도 이루어지지 않았다.

한편, 제7기갑사단 B전투단은 생비트로 오는 길에 교통정체에 말려들어 슈네아이펠 지구에 투입될 기회조차 얻지 못했다. B전투단이 생비트에 도착할 즈음에는 생비트조차 언제 독일군의 손에 떨어질지 모르는 상황이 되어 있었다.

14:45시, 결국은 포위된 2개 연대에게 우르 강 방면으로 철수하라는 명령이 떨어졌다. 하지만 이러한 명령도 무선통신의 혼선으로 인해 자정 무렵이 되어서야 겨우 전달되었다. 하지만 그 무렵, 상황은 이미 돌이킬 수 없는 지경이 되어 있었다.

12월 18일 07:30시, 포위된 연대들에게 "쉔베르크에 몰려 있는 독일군을 우회하여 생비트 방면으로 돌파해나오라"는 명령이 떨어졌다. 탈출작전에 방해가 될 만한 야전주방 같은 장비들은 모두 파기하고 부상자들은 위생병들과 함께 연대 부상자수집소에 남겨둔 채, 두 연대는 나란히 대대 행군대열로 출발했다.

독일군과의 첫 접촉은 제423보병연대 2대대가 11:30시경에 블라이알프-쉔베르크 간의 주도로상에서 독일군 보병과 조우하면서 발생했다. 어떻게든 돌파를 계속하기 위해 2개 대대가 추가로 전방으로 이동했지만 독일군의 포위는 뚫리지가 않았다. 공격이 시작되고 얼마 되지 않아 사단본부는 제423연대에게 "공격방향을 쉔베르크로 돌리라"고 명령했다.

혼란 속에 시간이 흐르면서 제422, 423 두 연대 상호간의 접촉도 끊어지고 말았다. 그날밤, 제423보병연대는 쉔베르크 남동쪽에 방어진을 구축했다. 이 무렵 제423연대는 박격포탄이 다 떨어지고 소화기 탄약도 거의 남아 있지 않은 상태였다.

제422연대는 그날 낮 동안에는 독일군과 접촉하지 않았지만, 그날 저녁 야영을 할 무렵에는 자신들이 목표지점인 쉔베르크 외곽에 도달했다고 착각을 하고 있었다.

쉔베르크 인근에서 서쪽으로 진출하는 부대들이 뒤엉키며 일어난 엄청난 교통체증은, 미군의 탈출기도에 대한 독일군의 대응을 더 어렵게 했다. 그 결과 제56군단장은 집중포격으로 미군을 처리하기로 했다.

제423연대가 12월 19일 여명과 함께 공격을 시작하자, 독일군은 먼저 포격으로 이들을 신나게 두들긴 후 보병으로 공격을 가했다. 미군의 2개

소총중대가 쉔베르크 외곽까지 도달했지만 곧 독일군 대공포의 집중사격
에 물러날 수밖에 없었다.

오후가 되면서 미군의 공격은 붕괴되었고, 이제 미군 병사들은 1인당
실탄이 12발도 채 남지 않게 되었다. 전술적인 지휘통제체계가 붕괴된 상
태에서 연대장은 16:30시에 전 연대원들에게 항복하라는 명령을 내렸다.

12월 19일 오전, 제422연대는 오버라샤이트(Oberlascheid) 인근의 블라
이알프-아우브 간 도로를 건너서 이동을 개시했으나 도로 서쪽 숲에 숨어
있던 독일군 보병들로부터 격렬한 소화기사격을 받았다. 제422연대는 그
자리에 발이 묶여버렸다.

14:00시경, 어떻게든 생비트로 가려고 발버둥치던 미군 병사들 앞에
갑자기 총통경호여단(Führer Begleit Brigade)의 전차들이 도로를 따라 내
려왔다. 이로 인해 연대의 일부가 도로상의 전차들과 숲속의 독일 보병들
사이에서 오도가도 못하는 신세가 되어 버렸다. 연대 병사들 중 일부는
14:30시에 항복을 했고, 나머지 병사들도 16:00시경에 항복했다. 몇몇은

그룹을 지어 탈출을 기도했지만, 대부분은 그 후 며칠에 걸쳐 모두 포로가 되었다. 제106사단의 2개 연대 7,000명이 넘는 병력이 독일군에게 항복한 것이다. 미군이 유럽 전투에서 입은 피해들 중 단일 피해로는 가장 큰 것이었다.

| 지휘부의 관점 |

12월 19일, 독일군은 북부지역에서의 돌파를 달성해냈으나 B집단군 사령관 모델 원수의 입장에서 보자면 예정이 벌써 이틀이나 지연된 상태였다. 형성된 돌파구도 계획과 딱 들어맞는 것이 아니었다. 크린켈트-로쉐라트에서의 전투에 너무 많은 시간을 허비하는 바람에 엘젠보른 능선의 돌파구는 열리지 못했고, 결과적으로 히틀러유겐트사단의 강력한 전투단은 발이 묶여버렸다.

빌링엔 근처의 로스하임 간격을 파고들어서 뚫어낸 돌파구도 매우 협소했다. 그나마라도 이용해보자고 부대들을 쏟아붓자 통로 주변에는 심각한 교통체증이 발생했으며, 이로 인해 기갑부대를 이용한 돌파가 지연되는 결과를 낳았다.

가장 신속하고 파괴적인 돌파는 예상했던 것처럼 제6기갑군 지역이 아니라, 오히려 보다 신중한 전술을 사용했던 만토이펠의 제5기갑군 지역에서 이루어졌다. 만토이펠의 공격도 일견 순조롭게 진행되는 것처럼 보였지만, 문제는 생비트라는 난관을 넘어야만 했다. 이 마을은 서방으로 통하는 주요 도로망상에 걸터앉아 있었으며, 이 지역에 만들어낸 돌파구를 완전히 활용하기 위해서는 반드시 생비트를 점령해야 했다.

공세개시 3일차, 이제 독일군의 목표는 세 가지라고 할 수 있었다. 첫째는 보다 서쪽 지점, 예컨대 뷔트겐바흐에서 엘젠보른 능선으로 밀고나가는 것이었다. 둘째는 제6친위기갑군 담당구역의 남쪽 지역에서 제1친위기갑사단을 선봉으로 하여 뚫어낸 돌파구를 이용한 전과확대였다. 셋째는 생비트의 교차로를 확보함으로써 제5기갑군 지역에 돌파구를 형성하는 것이었다.

아르덴의 슈파(Spa)에 위치한 하지스의 미 제1군사령부에 독일군의 공세에 대한 보고가 들어오기 시작한 것은 12월 16일 오전이었다. 바스토뉴에 위치한 미들턴의 제8군단사령부는 전방 부대와의 통신이 엉망이 되면서 당장 무슨 일이 일어나고 있는지를 정확히 파악하느라 애를 먹어야 했다.

앞서 언급했듯이, 미들턴은 로어 강의 댐들에 대한 공격작전을 지원하기 위해 페어몽빌에 주둔하고 있던 제9기갑사단 B전투단을 제8군단 지원

사진에 보이는 앙블레브(Amblève) 강 위의 석조교량은 스타벨로(Stavelot)에서 벌어진 전투의 중심이었다. 당시 이 교량은 앙블레브 강에서 폭파되지 않고 남아 있는 유일한 교량이었다. 사진 좌측에는 눈에 덮인 제501친위중전차대대 소속 쾨니히스티거 222호차가 보인다. 이 쾨니히스티거는, 12월 19일에 이 교량을 점령하려던 잔디히(Sandig)전투단을 지원하다 격파당했다. 1945년 1월 10일 촬영된 사진으로, 전투가 벌어졌던 12월 19일 당시에는 이 지역은 거의 눈이 쌓이지 않은 상태였다.

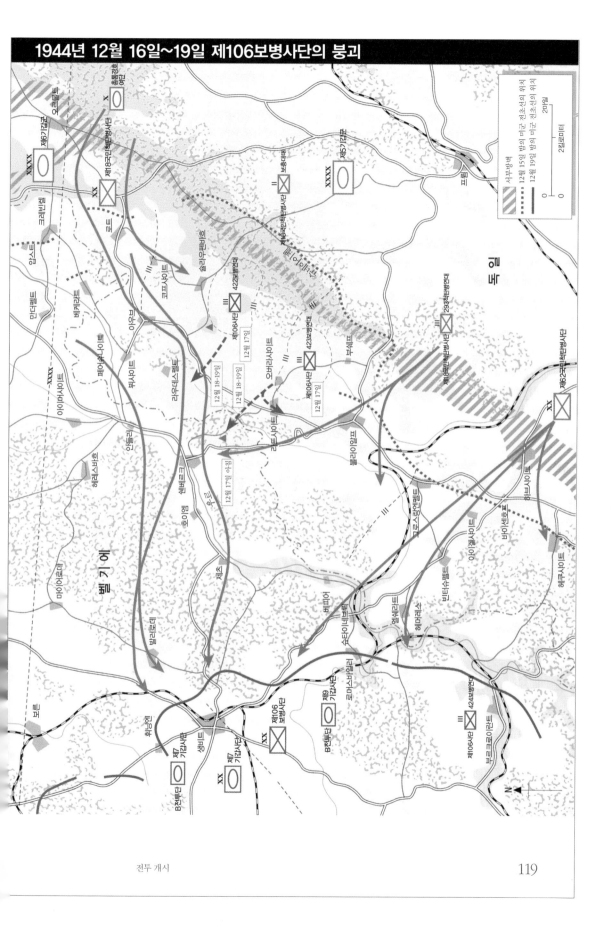

스타벨로에서 벌어진 전투에서 제501친위중전차대대 소속 쾨니히스티거 1대가 루호-리바쥬(Rue Haut-Rivage)의 언덕을 오르다 엔진고장을 일으켜 뒤로 미끄러져 내려가면서 건물을 들이받고 멈춰선 모습. 스타벨로 마을을 탈환한 후, 미 제30사단 소속 미군 병사 2명이 주저앉은 쾨니히스티거를 살펴보고 있다.

으로 돌려줄 것을 요청했고, 이 요청은 곧 승인되었다. 그러나 하지스는 "아르덴 지역의 공세가 단순히 미군의 주의를 로어 강으로부터 돌리기 위한 공격에 불과하다"고 주장하며 11:00시경 로어 강 댐들에 대한 공세 취소를 거부했다.

오후가 되면서 제1군사령부는 룬트슈테트가 독일군 병사들에게 행한 훈시를 입수했다. 이 훈시에서 룬트슈테트는 "제군들, 위대한 시간이 다가왔다. 이번 작전에 우리의 모든 것이 걸려 있다"라고 언급했으며, 이는 독일군의 의도에 대한 미 제1군사령부의 시각을 완전히 뒤바꿔놓았다.

그러나 그날 오후 늦게까지도 미군 지휘관들은 "독일군의 공세가, 현재 북부지역에서 진행중인 미군의 로어 강 댐들에 대한 작전과 남쪽의 자르 지역에 대한 패튼의 공격계획을 방해하고 미군의 주의를 다른 곳으로 돌리기 위한 작전에 불과하다"고 생각하고 있었다. 다만, 만일의 경우를 대비하여 제1보병사단의 1개 연대를 제로우의 제5군단에 배속시켰다. 이 조치는 이틀 후에 벌어지게 될 돔 뷔트겐바흐(Dom Bütgenbach) 방어전에서 큰 도움을 줌으로써 매우 시의적절한 조치였던 것으로 증명되었다.

룩셈부르크(Luxembourg) 시에 주둔하고 있던 제12집단군의 반응은 좀 더 적극적이었다. 파리에 있던 브래들리는 그날 마침 아이젠하워와 회동 중이었는데, 그날 오후에 독일군의 공세 소식이 전해졌다.

브래들리는 제12군에게 예비대가 거의 없다는 사실을 잘 알고 있었다. 그래서 그는 즉시 패튼에게 전화를 걸어, 패튼이 계획하고 있던 자르 공세

그토록 연료가 부족한 상황이었음에도, 파이퍼전투단은 스타벨로 바로 위쪽의 프랑코샹(Francor-champs) 가도상에 미군의 대규모 연료집적소가 있다는 사실을 알아차리지 못했다. 이 연료가 독일군의 손에 들어갈 것을 우려한 미군은, 집적소에 저장되어 있던 12만 4,000갤론의 연료를 모두 불태워버린다. 이것은 이 지역에서 미군이 철수시키지 못한 유일한 연료집적소였다.

작전에서 제10기갑사단을 빼내어 룩셈부르크로 보내라고 말했다. 그리고 브래들리는 다시 제12집단군사령부에 전화를 걸어, 제7기갑사단을 제9군으로부터 아르덴 지역으로 이동시키라고 지시했다.

이제 남아 있는 유일한 예비대는 매튜 리지웨이(Matthew Ridgway) 소장이 지휘하던 제18공수군단(XVII Airborne Corps)의 제82, 101공수사단뿐이었다. 이 사단들은 오랫동안 전선에서 싸우다가 랭스(Reims)에서 재편성에 들어가 있었다. 아직 완전히 준비가 갖추어지지 않았음에도 불구하고, 이들에게는 즉각 트럭을 타고 아르덴으로 이동하라는 명령이 떨어졌다. 브래들리의 이러한 신속한 조치는 향후 며칠간에 걸친 전투에 매우 중요한 영향을 미쳤다.

12월 17일, 독일군 전차들이 로스하임 간격을 뚫고 쏟아져 들어오고 있다는 보고가 들어오자, 제1군사령부에서 독일군의 '의도'를 두고 벌어지던 논쟁도 일단락되었다. 독일군의 공격이 단순히 연합군의 주의를 분산시키기 위한 것이 아니라는 사실은 이제 분명해졌다. 로어 강의 댐들에 대한 공격계획은 즉시 취소되었고, 제로우는 엘젠보른 능선에 방어선을 구축할 수 있는 재량권을 받았다.

09:30시경, 제106사단의 2개 연대가 포위되었다는 보고가 들어오기 시작했다. 연합군 지휘부는 그날 하루종일 가용한 증원부대를 긁어모으느라 분주했다. 제1군의 제1보병사단 잔여병력 및 제9보병사단의 1개 연대가 당시 고전하고 있던 제로우의 5군단에 배속되었다.

제9군의 윌리엄 심슨(William Simpson) 대장도 전화를 걸어와 "제30보병사단과 제2기갑사단을 보내겠다"고 알려왔다. 두 부대 중 먼저 이동을 시작한 것은 제30보병사단이었다. 12월 17일 밤에서 18일 새벽 사이, 연합군은 8만 명의 병력과 1만 대의 차량을 아르덴에 집결시켰다. 이는 독일군이 예상했던 것보다 훨씬 더 신속한 반응이었다.

제9사단 B전투단과 제7기갑사단은 독일군에게 포위된 제106사단의 2

개 연대를 구출할 목적으로 미들턴의 제8군단에 배속되었다. 제1보병사단은 엘젠보른 능선의 방어태세 강화에 투입되었다. 로스하임 돌파구를 틀어막기 위해 제30보병사단은 말메디로, 제82공정사단은 베어보몽으로 각각 급파되었다.

12월 16일, 독일군의 작전계획서가 노획되었다. 이로써 제1군사령부는 비로소, 독일군의 공세가 노획한 미군 연료에 크게 의존하고 있다는 사실을 알게 되었다. 이에 12월 17일부터는 아르덴 지역에 위치한 몇 개소의 대규모 연료집적소, 특히 뷔트겐바흐와 말메디의 연료집적소를 철수시키기 위한 노력이 시작되었다. 결국 이 집적소들의 연료는 대부분 철수되었으나, 스타벨로 지역의 연료는 독일군의 손에 들어가는 것을 막기 위해 소각되었다.

12월 18일 오후, 파이퍼전투단이 제1군사령부가 위치한 슈파로부터 겨우 6마일 떨어진 곳까지 진출했다는 소식이 들어왔으나 이는 곧 사실이

파이퍼전투단이 스타벨로를 떠나 북서쪽으로 진격해 들어간 후, 12월 18일에는 후속 크니텔전투단이 스타벨로에 들어왔으나 곧바로 그날 오후에 미 제30보병사단에 의해 쫓겨나고 만다. 사진은 전투 중 미군의 총류탄(銃榴彈)에 격파당한 SdKfz251/9 75밀리미터포 장비 하노마그반궤도장갑차.(NARA)

아닌 것으로 드러났다. 그러나 독일군이 인근의 라글레즈까지 진출함에 따라 1군사령부는 22:00시경 리에주 교외의 샤드퐁텐(Chaudfontaine)으로 철수해야 했다.

군사령부가 허둥지둥 철수했다는 사실은 좋지 않은 인상을 남겼다. 특히 예하 부대들은 사령부의 갑작스런 철수로 인해 일시적으로 지시나 지원을 받을 수 없게 되었다. 비록 사령부를 이동시킴으로써 당장 독일군의 공격을 받을 염려는 크게 줄었지만, 이로 인해 새로운 위험도 생겼다. 새 사령부의 머리 위로 리에주와 안트베르펜을 목표로 발사되는 V-1폭명탄의 비행코스가 지나가고 있었던 것이다. 결국 군단의 G-4교통통제본부는 새로운 사령부로 이동하던 중에 V-1에 명중당했다.

아이러니하게도, 사령부가 벌인 활동들 가운데 가장 효과적이었던 것은 각 부서 책임자들이 벌였던 '비정규적인 활동들'이었다. 공병대 책임

1944년 12월 21일, 제30보병사단 제117보병연대 소속 소총병들이 스타벨로에서 벌어진 시가전 도중 한 건물의 입구를 부수고 들어갈 준비를 하고 있다. 문 바로 앞에 위치한 두 명의 소총병들은 총류탄을 장착한 M1개런드반자동소총을 들고 있고, 좌측의 병사는 M1 카빈소총으로 무장하고 있다.(NARA)

자였던 윌리엄 카터(William Carter) 대령은 휘하 부대를 동원하여 전선 북부에 도로장애물을 설치하고 지뢰밭을 조성하며 교량을 폭파하고 방어선을 구축했다. 이들 대부분은 주로 건설 및 도로개설에 종사하던 후방부대였지만, 2차적으로 전투훈련도 받은 부대들이었다.

온갖 장애물을 설치하고 중요 교량들을 폭파해버린 "망할 놈의 미군 공병들" 때문에 독일전차대는 진격에 큰 차질을 겪을 수밖에 없게 되었다. 이 외에도 제49방공여단은 V-1폭명탄에 대처할 책임을 지고 위(Huy), 리에주, 슈파를 포함한 중요 지점들에 대한 접근로를 방어하기 위해 몇 개의 90밀리미터대공포부대들을 이동배치했다.

기갑부대 관련 부서들도 이러한 노력에 동참했다. 이들은 겨우 몸뚱이만 도착한 신예 제740전차대대 승무원들을 정비창으로 데려가 영국군의 셔먼, 대전차자주포, DD전차 및 기타 손에 잡히는 차량이라면 무엇이든 쥐어주며 전선으로 내보냈다. 이 부대는 나중에 파이퍼전투단을 라글레즈에 몰아넣는 데 큰 역할을 하게 된다.

12월 19일, 아이젠하워는 패튼과 브래들리, 데버스(Devers)와 같은 고위지휘관들과 베르됭(Verdun)에서 회동을 갖고 독일군의 공격에 대한 대책을 논의했다. 당시 미군은 안정적인 방어선을 구축하고 버티든지, 아니면 부대들이 모이는 즉시 반격을 시작하든지 둘 중의 한 가지를 선택해야만 했다.

아이젠하워는 남쪽으로부터 반격을 가해 독일군의 옆구리를 두들기자는 입장을 분명히했다. 그리고 그는, 패튼이 겨우 3일 만에 3개 사단으로 이루어진 1개 군단을 기꺼이 반격작전에 참가시켜준 데 대해 매우 놀랐다. 이런 신속한 이동이 가능했던 것은 패튼이 그 이전부터 자르 공세를 준비해왔기 때문이었다. 이에 더하여 패튼은 자신의 G-2(정보부)가 예전부터 아르덴 지역의 공세가능성에 대해 경고해왔던 것을 기반으로 이러한 사태에 대비해 며칠 전부터 계획을 짜두는 선견지명을 보여주었다.

아르덴 공세 – 1944년 12월 17일, 파이퍼전투단(126~127쪽 그림)

벌지 전투와 관련한 가장 유명한 이미지는 육중한 쾨니히스티거가 벨기에 국경지대의 눈덮인 소나무숲을 뚫고 진격하는 모습일 것이다. 이 불멸의 장면은 독일의 종군 카메라맨이 12월 17일 오전 독일–벨기에 국경지대에서 촬영한 것이다. 벌지 전투를 다룬 많은 글들 속에서 이 사진은 아르덴 공세 초기에 불도저처럼 미군의 방어선을 깔아뭉개며 진격하는 독일 기갑부대의 선봉, 즉 파이퍼전투단을 상징해왔다. 그러나 정작 이 장면은 독일군의 작전이 가지고 있던 근본적인 문제점을 잘 보여주는 것이었다. 먼저 제501친위중전차대대가 보유한 쾨니히스티거들❶은 파이퍼부대의 선봉에 서지 못했다. 이렇게 고장이 잘 나고 운용이 까다로운 전차들을 벨기에 시골구석의 비좁은 도로를 따라 이동시킨다는 것은 여간 어려운 일이 아니었기 때문이다. 대신, 파이퍼전투단의 선두에 선 것은 구식이지만 더 신뢰성 있고 속도가 빠른 4호중(中)전차였다. 쾨니히스티거에 편승한 병사들은❷, 미군이 오랫동안 "독일 최고의 경보병들"이라고 찬사를 보낸 정예 팔쉬름얘거(Fallschirmjäger) 특유의 위장 스목을 착용하고 있다. 이들의 모(母)부대인 제3팔쉬름얘거사단은 노르망디에서 미군과 격전을 벌이면서 위명을 떨쳤다. 그러나 1944년 12월 무렵에는 이 부대에서 과거의 영광스런 모습은 거의 찾아볼 수 없게 되었다. 1944년 여름 내내 치열한 전투를 치르는 동안 이 부대는 전멸에 가까운 타격을 입었고, 전사자들과 부상자들의 빈자리는 할 일이 없어진 공군의 지상요원들과 징집병들로 충원되었던 것이다. 이런 병사들은 몇 년 전까지만 하더라도 '팔쉬름얘거' 부대의 근처에도 못 올 자원들이었다. 그러나 당시 제3팔쉬름얘거사단이 가지고 있던 진짜 심각한 문제는 유능한 지휘관의 부족이었다. 많은 장교들이 죽거나 부상을 당하면서 전선을 떠났고, 그 빈자리는 전투경험이 전혀 없는 공군 참모장교들이 채웠다. 결국 12월 16일에 1개 팔쉬름얘거연대가 란체라트에서 겨우 미군 1개 소대에게 하루종일 발목이 잡히면서 이들의 전투력이 어디까지 떨어졌는지는 극명하게 드러났다. 이 지연으로 인해 파이퍼전투단의 진격도 24시간이나 지연되었고, 팔쉬름얘거사단의 무능한 모습에 격분한 파이퍼는 자신의 부대를 강화하기 위해 팔쉬름얘거사단으로부터 1개 대대를 빼앗아 전투단에 편입시켜버렸다. 따로 수송차량이 없던 팔쉬름얘거들이 도보로 파이퍼전투단을 따라갈 수는 없는 노릇이었으므로 파이퍼는 이들을 쾨니히스티거에 편승시켰다. 그림 속 길가에서 연기를 내뿜고 있는 M4셔먼전차❸는 파이퍼전투단의 선도부대에 격파당한 것이며, 쾨니히스티거들은 공세 초반 별다른 전투를 치르지 않았다. 그러나 스토몽(Stoumont)을 지나 라글레즈까지 갈 수 있었던 쾨니히스티거는 소수에 불과했으며, 그나마 라글레즈 읍에서 파이퍼전투단은 포위되어버렸다. 이 그림은 12월 17일 촬영된 유명한 사진에 근거한 것이다. 그림 속의 쾨니히스티거들은 1944년 가을부터 일반적으로 사용되던 위장무늬를 그려넣고 있다. 팔쉬름얘거들은 특유의 점프 스목과 테두리가 없는 철모를 착용하고 있다.

이 공중촬영 사진에서도 잘 보이듯이 라글레즈 읍은 집중포화를 당했다. 이 사진은 북서쪽을 바라보고 촬영된 것으로, 좌상단에 스토몽 행(行) 도로가, 우측 중앙에 트루아퐁 행 도로가 보인다.(MHI)

12월 19일 저녁, 브래들리는 아이젠하워의 참모장인 월터 베델 스미스(Walter Bedell Smith) 중장으로부터 전화를 받았다. 스미스 중장은, 독일군의 공격으로 통신상에 문제가 발생할 경우를 대비하여 아이젠하워가 독일군 돌출부 북쪽 측방에 위치한 미 제1군과 제9군을 몽고메리의 지휘하에 두기를 원한다고 밝혔다. 당시 바스토뉴-디낭(Dinant)을 목표로 달리고 있던 만토이펠 기갑부대의 진격로상에 놓여 있는 예멜(Jemell)에는 연합군 통신망의 주 중계기가 있었는데, 연합군으로서는 이 중계기가 파괴되거나 독일군에게 탈취되는 상황에 대비해야 했다.

브래들리는 이러한 조치가 매우 민감한 시기에 미군 사령부에 대한 신뢰도를 떨어뜨릴 수 있다고 우려했지만, 영국군이 예비부대를 투입해줄지도 모른다는 희망에 마지못해 이 명령에 동의하되 이와 같은 조직재편이 일시적일 것이라는 보증도 동시에 받아냈다. 당시 브래들리는 이러한 변화가 연합군 지상군총사령관이 되려고 안달이 난 몽고메리가 꾸민 일이 아닐까 하는 깊은 의구심을 품고 있었던 것이다.

지휘권 인수인계는 12월 20일 이루어졌고, 몽고메리는 그날 오후 샤드퐁텐에 있던 하지스의 사령부에 "하느님의 성전에서 잡상인을 쫓아내려는 예수" 같은 기세로 들어왔다. 몽고메리의 가식과 무례함이 미군 장교들의 부아를 돋우기도 했지만, 몽고메리가 가지고 있던 활력과 전술적 능력이 벌지 북부지역의 지휘권 상황을 안정시키는 데 큰 도움이 되었던 것도 사실이었다.

독일군이 벨기에 중부까지 파고들어오는 상황을 막기 위해 몽고메리는 예비대였던 제30군단을 뫼즈 강으로 이동시켰다. 또한 전 전선에 걸쳐 방어활동을 조율하기 위한 목적으로 팬텀 부대(Phantom Service)로부터 연락장교를 파견했다.

제7기갑사단의 하스브룩과 클라크 같은 지휘관들은 훗날 지휘체계 복구에 몽고메리가 기여한 바에 대해 찬사를 아끼지 않았다. 그러나 몽고메리는 언행에 있어 절대 겸손한 사람이 아니었다. 한번은 몽고메리가 언론과의 회견에서 한 문제발언이 연합군 사령부에 큰 위기를 불러와, 아이젠하워는 그를 거의 해임할 뻔하기도 했다.

| 돌파구의 확대 |

:: 파이퍼전투단

겨우 형성된 돌파구를 이용해 전과를 확대하려는 독일군의 첫 번째 시도는 제6기갑군 남익의 제1친위기갑사단에 의해 이루어졌다. 12월 16일, 로스하이머그라벤을 통과하는 주 접근로의 개통이 지연됨에 따라 제1친위기갑사단장 헤르만 프라이스는 진격로 배정을 변경하였다. 그는 요헨 파이퍼의 전투단에게 "란체라트를 경유하여 부흐홀츠 기차역으로 이동하는 동시에 로스하이머그라벤으로 직접 통하는 도로는 크린켈트에서 발이 묶인 히틀러유겐트를 위해 비워놓으라"고 지시했다.

파이퍼부대의 선두는 03:30시에 부흐홀츠를 향해 이동을 개시했고, 미군 본대의 퇴각을 엄호하는 후위대로 남겨졌던 제394보병연대 3대대 소속 2개 소대를 가볍게 제압했다. 파이퍼전투단은 혼스펠트를 향해 숲을 헤쳐나가는 동안, 여기저기 흩어진 제14기병연대와 제801대전차자주포대대 소속 병력과의 소규모 교전을 제외하면 별다른 저항을 받지 않았다.

혼스펠트는 제99사단의 휴식 캠프로 사용되고 있었고, 그 전날 사단이

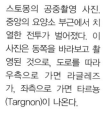

스토몽의 공중촬영 사진. 중앙의 요양소 부근에서 치열한 전투가 벌어졌다. 이 사진은 동쪽을 바라보고 촬영된 것으로, 도로를 따라 우측으로 가면 라글레즈가, 좌측으로 가면 타르농 (Targnon)이 나온다.

큰 타격을 입으면서 발생한 낙오병들이 흘러들어와 있었다. 여기에는 또 12문의 3인치대전차포가 배치되어 있었지만, 그 중 일부는 이동을 위해 차량에 결속된 상태였다. 파이퍼전투단의 대열은 어둠 속에서 2문의 3인치대전차포를 지나쳤고, 이 대전차포들은 곧 보병부대에게 쓸려나갔다.

이후 파이퍼전투단은 마을에 도착하면서 소화기사격을 받았다. 그러나 저항은 빠르게 잦아들었으며 오히려 약 250명의 미군이 포로로 붙잡혔다. 란체라트로 호송되는 과정에서 몇 명의 포로들과 벨기에 민간인들이 무작위로 사살당했는데, 이는 벌지 전투 기간에 제1친위기갑사단이 벌인 혐오스런 만행의 시작을 알리는 사건이었다.

파이퍼전투단이 향하는 빌링엔에 남아 있던 유일한 미군 부대는 제254공병대대였다. 제254공병대대는 마을로 향하는 주요 도로들에 각각 1개 중대씩을 급히 배치했다. 파이퍼전투단은 해가 뜨기 전에 마을에 도착했고, 미군 공병들과 독일군 전차들 간에 산발적인 전투가 벌어졌다. 그 과정에서 미군의 바주카포팀과 3인치대전차포에 의해 몇 대의 독일전차들이 격파되었다.

파이퍼의 부대는 사단 관측기들이 사용하던 2개의 비행장을 휩쓸었지만, 미 제2사단 소속 병사들은 대부분 탈출에 성공했다. 공병들은 '돔 뷔트겐바흐(Dom Bütgenbach)' 라고 이름붙인 뷔트겐바흐 근처의 한 장원(莊園)으로 철수했다. 이 장원은 나중에 격전의 현장이 되지만, 이때까지만 하더라도 독일군에게는 전혀 의미가 없는 곳이었다.

뷜링엔에서 나가는 도로는 2개가 있었는데, 하나는 뷔트겐바흐를 거쳐 엘젠보른 능선으로 향하는 N632도로였고, 다른 하나는 남서쪽으로 향하는 N692도로였다. 북서쪽으로 향하는 도로가 아직도 크린켈트-로쉐라트에서 악전고투를 벌이고 있는 히틀러유겐트에게 배정됨에 따라, 파이퍼는 남서쪽으로 향하는 도로를 따라 이동을 시작했다.

파이퍼부대의 선봉은 모더샤이트(Moderscheid)에서 티리몽(Thirimont) 사이에 펼쳐진 개활지를 통과하며 이동했다. 시간을 절약하기 위해 몇몇 전차와 반궤도장갑차들은 탁 트인 경작지를 가로질러 이동하려 했지만 곧 진창에 빠져버리고 말았다. 도로상에서 거의 독일 국경선까지 길게 늘어선 파이퍼부대의 대열은 미 공군의 P-47로부터 아침나절에만 세 차례나 기총소사를 당했으나 피해는 거의 없었다.

진격 도중 파이퍼는 미군 헌병 몇 명을 사로잡게 되는데, 이들 중 한 명으로부터 리뉴빌(Ligneuville)에 주요 미군사령부가 있다는 말을 듣게 되었다. 파이퍼는 이 정보를 확인해보기로 결심하고 1개 중대로 하여금 작은 농로로 된 지름길로 리뉴빌을 정찰하도록 했다. 하지만 이 부대는 곧 진창에 빠져 오도가도 못하는 신세가 되었다.

결국 파이퍼는 베르너 슈테르네벡(Werner Sternebeck) 지휘하의 선두 부대에게 "벰(Waimes)과 보네(Baugnez) 교차로를 경유하는 우회로를 따라 이동하라"는 명령을 내렸다. 그런데 교차로에 접근하던 이들은 생비트로 이동중이던 제7기갑사단 소속 제285포병관측대대 B중대의 트럭 종대와 조우하게 되었다. 양측 대열이 13:00시경 조우하게 되자 선두의 4호 전차가 미군 트럭들을 향해 먼저 사격을 가했고, 미군 트럭들은 곧 멈춰섰다.

슈테르네벡의 병사들은 신속하게 경무장한 미군들을 포로로 잡았다. 이내 90명 정도의 미군 포로들이 교차로 인근의 들판에 모이게 되었고, 이후 더 많은 미군 트럭들이 독일군의 매복에 걸려들어 포로의 숫자는 더 늘어났다.

대부분의 파이퍼부대가 교차로를 통과한 후, 포로들에 대한 학살이 벌어졌다. 그러나 이날의 학살이 구체적으로 어떻게 진행되었는지에 대해서는 오늘날까지 많은 논란이 있다. 전에 혼스펠트에서 그랬던 것처럼, 그날 15:00시경에 포로들을 감시하던 한 전차병이 무작위로 포로들을 쏴죽이기 시작하면서부터 학살이 시작된 것으로 보인다. 경비병들이 사격을 시작한 후 두 대의 전차에서도 기관총사격이 시작됐다. 지나가던 차량들에 탑승한 독일군 병사들도 부상자들과 시신들을 향해 한동안 총질을 해댔고, 마지막으로 친위공병중대가 들판으로 내려가 생존자들을 모두 확인사살했다.

다음해 1월에 미군이 이 교차로를 다시 점령했을 때, 그곳에서 총 113구의 시신이 발견되었다. 이 사건은 '말메디의 학살'로 널리 알려졌으며, 이 사건으로 인해 파이퍼 및 다수의 생존 친위대장교와 병사들이 전후 전범재판에 회부되었다.

사실 리뉴빌에는 주요 미군사령부가 하나도 없었다. 제9기갑사단 B전투단도 그날 파이퍼부대가 도착하기 전에 이미 리뉴빌을 버리고 생비트로 떠난 상황이었다. 리뉴빌로 돌입하던 파이퍼전투단은, 수리중이던 M4도저(dozer)전차의 사격에 선두의 판터전차가 격파당한 것 말고는 별다른 전투 없이 리뉴빌을 점령할 수 있었다.

저녁 무렵, 파이퍼부대는 어떠한 저항도 받지 않고 앙블레브 계곡자락을 무인지경으로 진격해나갔다. 18:00시경 스타벨로 마을 초입에 도착한 파이퍼 부대는 소규모 도로차단선과 마주치면서 소화기사격을 받았다. 그러나 의외로 파이퍼는 이 마을에 야습을 가하지 않기로 결정했다. 당장 눈앞의 빈약한 저항을 물리치는 것보다는 이틀간 거의 잠도 자지 못하고 진격해온 부하들의 피로를 풀어주는 것이 더 시급하다고 판단했던 것이다.

파이퍼의 공격연기 결정은 결과적으로 스타벨로의 미군에게 방어준비를 할 시간을 벌어주는 꼴이 되고 말았다. 날이 저물고 제526기계화보병대대로부터 소규모 특임대(Task Force)가 도착했다. 그러나 마을이 어떻게 생겼는지도 제대로 모르는 상황에서 방어준비가 적절히 될 리 없었고, 앙블레브 강 다리의 방어는 빈약한데다 폭파준비조차 되어 있지 않았다.

12월 18일 04:00시, 파이퍼전투단은 기갑척탄병들을 다리 건너편 마을의 남쪽 가장자리로 보내어 공격을 개시했다. 새로 도착한 미군들이

슈코르체니의 제150기갑여단은 12월 21일 말메디에 대한 공격에 투입되었다. 당시 제150기갑여단의 판터전차들은 M10울버린대전차자주포로 가장했는데, 사진은 제120보병연대 소속 커리(F. Currey) 일병이 발사한 바주카포탄에 격파당한 가장(假裝)판터의 모습이다. 커리 일병은 그날의 전투에서 보여준 무공으로 후일 미국의회 명예훈장(Medal of Honor)를 수여받았다.(MHI)

06:00시에 대전차포를 동원하여 도로차단선을 설치하려는 시도는 독일군의 사격으로 저지되었고, 다리를 건넌 1개 기계화보병소대 역시 곧 다리 남쪽으로 쫓겨왔다.

그러는 동안 독일군 공병들은 다리의 폭파준비가 되어 있지 않다는 결론을 내렸다. 해가 뜰 무렵, 독일군은 증원을 받아 다시 공격을 시도했으나 실패하고 말았다. 결국은 판터전차까지 동원하고서야 겨우 다리 북단을 점령할 수 있었다.

첫 번째 전차는 마을에 자리잡은 57밀리미터대전차포에 피격당했지만, 이 포탄은 판터전차의 장갑을 뚫지 못했고 오히려 포탄을 맞은 전차가 대전차포를 깔아뭉개는 광경이 연출되었다. 독일군 병사들은 빠르게 마을로 돌입해 들어갔고, 그 과정에서 미군의 3인치대전차포에 전차 1대를 격파당했다.

12월 20일, 파이퍼전투단의 정찰대가 하비몽(Habiemont)에 도달했을 무렵, 제82공정사단 제325글라이더보병연대 C중대 소속 바주카포팀이 하비몽에서 서쪽으로 4킬로미터 떨어진 베어보몽 인근의 도로를 경계하고 있다. 결과적으로 하비몽은 파이퍼전투단의 최대 서쪽 진출선이 되었다. 파이퍼전투단은 점차 격렬해지는 미군의 공격으로 인해 그날 오후 스토몽으로 철수했다.(NARA)

10:00시경, 마침내 스타벨로는 독일군의 손에 들어왔다. 미군 특임대의 잔존병력은 마을 밖 외곽도로에 있는 대규모 연료집적소로 철수했다. 독일군이 이 연료를 노획하는 것을 방지하기 위해 미군은 12만 4,000갤런에 이르는 가솔린을 도랑에 부어버리고는 불을 질렀다. 파이퍼는 트루아퐁의 중요 교량들을 점령하려고 서두르느라 이 연료집적소의 존재를 알아

차리지 못했다.

　트루아퐁에는 3개의 다리가 있었는데, 마을 이름(세 개의 다리라는 뜻—옮긴이)도 거기에서 유래했다. 미군 공병들은 이 다리들에 모두 폭파준비를 해둔 상태였다. 11:45시경, 스타벨로에서 트루아퐁으로 오는 도로를 홀로 경계하고 있던 57밀리미터대전차포 1문이 도로를 따라 접근해오는 독일군 전차대의 선두 전차를 격파했다. 그러나 이 대전차포 역시 순식간에 격파당했으며 도로차단선도 돌파당하고 말았다. 하지만 그 짧은 시간 동안 미군 공병들은 앙블레브 다리와 살름(Salm) 강에 걸린 두 개의 다리 중 하나를 폭파할 수 있었다.

　베어보몽으로 가는 주도로를 사용할 수도 없고, 전술교량도 후방에 남겨놓고 온 상황에서 파이퍼는 강을 건널 수 있는 다리를 찾기 위해 앙블레브 계곡을 좀더 거슬러 올라가 라글레즈로 통하는 우회로로 부대를 이동시켰다.

　파이퍼부대는 겨우 세노(Cheneux) 부근에서 허름한 2급도로상에 걸려 있는 작은 다리 하나를 발견했다. 하지만 날씨가 개자 미군 전폭기들이 찾아왔고, 2대의 전차와 반궤도장갑차 몇 대가 손상을 입으면서 도로를 막아버렸다. 게다가 미군 관측기가 구름 속에 숨어 오후 내내 파이퍼부대의 규모와 진행방향에 대한 정보를 미군사령부에 알리고 있었다.

　해질녘이 되어서야 파이퍼는 손상을 입은 차량들을 도로 옆으로 치우고 이동을 재개할 수 있었다. 리엔(Lienne) 천(川)상에서도 다리가 하나 발견되었지만, 독일군이 접근해오자 미군 공병들이 이 다리를 폭파시켜버렸다. 해가 지자 파이퍼전투단은 반궤도장갑차와 구축전차들을 이용하여 샛길을 통해 베어보몽의 도로교차점으로 진출하려고 시도해보았지만, 이 역시 미 제30보병사단 정찰대의 매복에 걸려버렸다.

　파이퍼가 앙블레브 계곡을 따라 이동하는 동안, 새로 도착한 미군 증원부대들은 리에주로 빠지는 계곡 출구를 막기 시작했다. 이제 파이퍼부대는 지금까지 상대해왔던 소규모 공병부대나 보잘 것 없는 후위 방어병력이 아니라 본격적인 저항에 직면하게 되었다.

파이퍼부대의 후방에서도 새로운 위협이 커지고 있었다. 파이퍼는 제3 팔쉬름애거사단 본대가 그의 부대를 후속하여 스타벨로를 점령할 것으로 생각했다. 그러나 그날 오전에 파이퍼전투단과 싸웠던 특임대 잔존병력과 제30사단의 1개 대대는 스타벨로 인근에서 합류하여 오후 늦게 스타벨로 마을을 공격해왔다. 트루아퐁을 경유하여 돌아오던 파이퍼전투단의 전차 대열은 이내 전투에 휘말렸고, 몇 대의 쾨니히스티거도 전투에 뛰어들게 되었다.

전투는 밤새도록 계속되었으며, 다음날 아침 결국 스타벨로는 미군의 손에 떨어졌다. 그러나 미군도 스타벨로를 완전히 장악하지는 못했다. 일부 독일군 병력들은 계속 스타벨로 마을을 지나 파이퍼를 증원하러 이동했다. 그럼에도 불구하고 미군의 스타벨로 탈환은 파이퍼와 제1친위기갑사단의 연결을 끊어버리는 효과를 거두었다.

이제 후방에서도 미군의 공격을 받게 된 상황에서 파이퍼는 미친듯이 서쪽으로 진출할 길을 찾았다. 라글레즈에서 남서쪽으로 가는 길은 미군이 틀어막고 있었기 때문에, 파이퍼는 이미 미군이 장악하고 있다는 보고에도 불구하고 사정이 좀더 나은 스토몽 행(行) 도로를 이용하기로 결정했다.

날이 저물자 독일군으로서는 불운하게도 미 제30, 119사단 병력의 선발대가 스토몽에 한 발 먼저 도착했고, 파이퍼전투단의 선봉이 마을 외곽에 도달하여 숙영을 한 것은 그 직후였다.

12월 19일 오전경, 라글레즈의 파이퍼부대는 겨우 판터 19대, 4호전차 6대, 쾨니히스티거 6대로 줄어 있었다. 나머지 86대는 고장, 혹은 격파되거나 진창에 빠져버렸고, 그 외에는 모두 전날 여기저기를 헤메고 다니던 와중에 사라져버렸다.

짙은 안개가 깔린 상황에서, 파이퍼는 미군이 본격적인 방어준비를 갖

제150기갑여단에는 M10으로 가장하기 위해 개조된 5대의 판터 외에도 미군 도색으로 위장한 3호돌격포가 5대 있었다. 그러나 가장(假裝)3호돌격포의 위장효과는 그다지 좋지 못했다. 사진 속의 가장3호돌격포는 Y전투단 소속으로, 바우그네츠(Baugnez)와 제로몽(Geromont) 사이에서 유기된 채로 발견됐다. (NARA)

추기 전에 스토몽을 공격하기로 결정했다. 스토몽에서는 8문의 3인치대전차포와 1문의 90밀리미터대공포를 갖춘 미 제119보병연대 3대대 소속 병력들이 방어진을 구축하고 있었다.

독일군의 공격은 08:00시에 시작되었다. 도로를 따라 똑바로 달려오는 독일군 전차들과 함께 기갑척탄병들이 안개를 뚫고 진격하기 시작했다. 3인치대전차포 진지들은 순식간에 뚫려버렸고, 뒤이어 2시간에 걸쳐 전개된 전투에서 미군의 1개 보병중대가 포위되어 항복했으며 다른 2개 중대는 마을 밖으로 밀려났다. 미군 연대장은 예비대로 대기중이던 중대를 급히 투입하고, 독일군 전차들을 꼬리에 매단 채로 제743전차대대의 M4전차들과 연계하여 전투를 벌이면서 타르뇽을 지나 퇴각했다.

이러한 공격성과를 활용하여 전과를 확대하기 위해 계속 진격하던 독일군의 선봉 전차대는 마을 서쪽의 커브길에 자리잡은 90밀리미터대공포 때문에 잠시 진격을 저지당했다. 그래도 몇 대의 전차들은 베어보몽 도로 교차점과 남서쪽으로 향하는 다리가 걸려 있는 타르뇽까지 진출했다.

그러나 오후가 되면서 기갑차량들의 연료가 부족해짐에 따라 파이퍼

는 이 방향으로 부대를 계속 진격시키는 것을 망설일 수밖에 없었다. 그 사이 타르농의 도로차단선을 강화하기 위해 제1군은 닥치는 대로 병력과 장비를 긁어모아 전차대를 조직했다.

제740전차대대는 불과 얼마 전에 전차도 없이 벨기에에 도착한 상태였다. 이 부대의 장교들은 모두 보급소로 파견되어 사용할 수 있는 탱크란 탱크는 모조리 수령해오라는 지시를 받았다. 그 결과 14대의 영국군 M4전차 및 5대의 M4A1수륙양용전차(duplex-drive), 그리고 M36잭슨90밀리미터대전차자주포를 손에 넣을 수 있었다.

이 부대의 1개 소대는 15:30시에 스토몽 서쪽에 도착했으며, 곧 타르농 서쪽의 스토몽 열차역을 공격하는 보병부대 지원에 바로 투입되었다. 이어진 전투에서 3대의 판터가 줄줄이 격파되자 파이퍼는 부대를 다시 스토몽으로 철수시켰다. 당시 파이퍼가 이를 인식하고 있었는지는 불분명하지만, 바로 이 순간이 파이퍼전투단에게는 운명의 분기점이었다.

이후 파이퍼전투단을 둘러싼 상황은 악화일로를 치달았다. 12월 19일 오후가 되자 북쪽과 서쪽에서 미군의 증원병력이 파이퍼전투단을 죄어왔다. 제82공수사단은 이미 베어보몽에 도착하여 서쪽으로부터 앙블레브 계곡을 향해 접근해오고 있는 중이었다. 제3기갑사단은 리에주로부터 1개 전투단을 파견했고, 이 전투단 소속의 3개 특임대는 파이퍼가 슈파에 있는 제1군 사령부를 향해 움직이는 것을 막기 위해 3개의 도로를 따라 라글레즈로 접근하고 있었다.

12월 19일 자정경, 파이퍼전투단은 연료도 거의 바닥난 상태에서 앙블레브 계곡의 라글레즈 주변에 고립되어 있었다. 리에주로부터는 45킬로미터, 원래 목적지이자 파이퍼가 공세 첫날 도달하기를 바랬던 뫼즈 강의 위(Huy)로부터는 65킬로미터나 떨어진 지점이었다.

제1친위기갑사단의 남쪽 날개를 담당한 한젠(Hansen)전투단은 파이퍼전투단에 비하면 거의 저항을 받지 않고 전진할 수 있었다. 이들은 크레빈켈 인근의 국경지대를 일소하고, 전선을 따라 매설된 지뢰지대에서 약간 지체한 후 4호구축전차를 앞세운 채 신속하게 진격해나갔다. 로스하임 간격을 지키고 있던 제14기병대의 일부 병력은 그들의 공격을 견디지 못하고 퇴각해버렸고, 한젠전투단은 그 빈틈을 거의 무인지대처럼 순조롭게 통과할 수 있었다.

12월 17일 늦은 시각, 한젠전투단은 이렇다 할 저항도 받지 않고 파이퍼전투단으로부터 얼마 뒤처지지 않은 지점까지 진출할 수 있었다. 이들은 포토-레흐트(Poteau-Recht) 가도를 따라 우거진 숲속에서 숙영을 했는데, 바로 다음날 아침 코앞을 지나가던 제18기병정찰대대의 일부 병력과 견인식3인치대전차포 몇 문으로 이루어진 부대를 앉은 자리에서 때려잡을 수 있었다.

비록 이 소규모 접전이 전황에는 별다른 영향을 미치지 못했지만, 이 전투가 끝난 뒤 독일군이 찍은 연출사진들이 훗날 미 제3기갑사단에 노획

되면서 중요한 역사적 사료로 남게 되었다. 아르덴 공세와 관련된 독일측 사진자료 중에서 전후까지 보존된 것들은 대부분 여기서 찍힌 4통의 필름에서 나온 것들이었다. 또한 이 사진들은 벌지 전투와 관련된 가장 유명한 사진들로 꼽히고 있다.

14:00시경, 한젠전투단은 제2친위기갑군단의 선봉이었던 제9친위기갑사단이 계획대로 진격할 수 있도록 "진격로를 계속 비워두기 위해 레흐트로 병력을 철수시키라"는 명령을 받았다. 당시 필살름(Vielsalm)의 살름(Salm) 강 도하점에 있는 미군 방어진은 아주 취약한 상태였다. 날이 저물기 전에 이 도하점을 확보할 수 있을 것으로 확신하던 상황에서 이러한 명령을 받은 한젠은 크게 분노했다. 그러나 한젠으로서는 명령을 따를 수밖에 없었고, 결국 그날 오후 늦게 미 제7기갑사단이 포토(Poteau)에 도착하게 되자 독일군에게 주어졌던 황금 같은 기회는 영영 사라져버렸다.

이제 독일군은 생비트를 둘러싸고 미군과 처절한 혈전을 벌이지 않을 수 없게 되었다. 이런 사정을 알 리가 없는 한젠의 병사들은 레흐트에서 12월 19일까지 제9친위사단의 도착을 기다리며 하릴없이 앉아 있어야 했다.

12월 20일, 미군은 다시 파이퍼전투단의 방어진에 압박을 가해오기 시작했다. 미군은 슈파의 1군사령부에 직접적인 위협이 될 가능성이 있는 파이퍼전투단을 몰아내기 위해 전력을 기울였다. 그러나 정작 파이퍼는 미군사령부가 그곳에 있다는 사실조차 모르고 있었다.

어쨌든 파이퍼는 사방에서 조여오는 미군에 치열하게 저항했고, 파이퍼부대를 몰아내기 위해 슈파로부터 파견된 맥조지 특임대(Task Force McGeorge)는 라글레즈로 가는 길목에서 독일군에 저지당했다. 제82공정사단의 제504연대 소속 2개 중대가 셰노(Cheneux)를 확보하기 위해 공격을 시도했으나, 오후부터 저녁까지 공격을 퍼부었음에도 미군은 라글레즈 마을에 발을 들여놓을 수가 없었다.

사실 라글레즈 공격보다 파이퍼에게 더 직접적인 영향을 미친 것은 미군의 스타벨로 공격이었다. 이로 인해 파이퍼는 증원을 전혀 받을 수 없게 된 것이다. 제3기갑사단 B전투단의 러브레이디 특임대(Task Force Lovelady)는 12월 20일 라글레즈로부터 스타벨로로 가는 도로를 장악했다. 그리고 그들은 독일군 쪽에서 라글레즈로 가는 유일한 접근로를 지키고 있던 크니텔전투단과 트루아퐁 인근에서 전투를 벌였다. 크니텔은 미 제117보병연대로부터 스타벨로를 빼앗기 위해 다시 공격을 해보았지만, 그날 해가 저물 무렵에도 미군은 여전히 앙블레브의 서쪽 제방을 굳건히 틀어쥐고 있었다.

다음날, 제1친위기갑사단장 빌헬름 몬케(Wilhelm Mohnke) 소장은 한젠전투단에게 "크니텔전투단과 합세하여 다시 한 번 스타벨로를 공격해보라"고 명령했다. 제1친위기갑척탄병연대는 트루아퐁의 동쪽에서 앙블레브 강을 건넜지만, 보병을 후속하던 4호구축전차 1대가 강을 건너는 순간 다리가 무너져 버리는 바람에 졸지에 아무 지원도 없이 서쪽 제방에 고립되는 신세가 되고 말았다. 독일군으로서는 엎친 데 덮친 격으로, 앙블레브 강에 교량을 건설하려던 노력까지 실패로 돌아가고 말았다.

러브레이디 특임대는 스타벨로 수비대와의 연결을 공고히 하면서 제 30사단으로부터 2개 중대를 지원받았다. 또다시 하루종일 격전이 벌어졌지만, 스타벨로를 차지하기 위한 독일군의 세 번째 공격도 결국 실패로 돌아가고 말았다.

한편, 12월 21일에도 미군으로부터 격렬한 공격을 받고 있던 파이퍼는 점점 더 궁지에 몰리고 있었다. 셰노 외곽에 자리를 잡은 미군 공수부대를 몰아내려던 공격이 실패했을 뿐만 아니라, 이번엔 제82공정사단의 1개 대대가 그날 오후에 셰노 측면을 찌르고 들어왔다. 결국 파이퍼는 보병들을 라글레즈로 철수시킬 수밖에 없었다.

미군은 내친 김에 스토몽까지 공격해 들어왔으나 스토몽의 방어는 셰노보다 훨씬 단단했다. 짙은 안개 속에서 판터전차대의 포화를 뒤집어 쓰게 되자 미군도 할 수 없이 후퇴해버렸다. 한때 미군 보병들이 스토몽 후방 도로를 잠시 점령하기도 했지만, 독일군의 반격으로 곧 쫓겨나고 말았다.

파이퍼전투단은 어찌어찌 또 하루를 버텨냈지만, 스토몽 마을을 지켜내기에는 보병이 너무 부족한 상황이었다. 결국 파이퍼는 해가 진 후 어둠을 틈타 전체 병력을 라글레즈로 철수시켰다.

독일군은 12월 22일에도 스타벨로 지역에 고립된 파이퍼전투단을 구출하기 위해 여러가지로 시도를 해보았지만, 번번히 러브레이디 특임대와 다른 미군부대에 의해 좌절되고 말았다. 이날 오후 늦게 비스터(Biester) 부근에서 독일군이 가한 반격으로 러브레이디 특임대는 거의 양분되기 직전의 상황까지 몰렸지만, 마지막에 큰 피해를 입고 퇴각한 쪽은 한젠전투단이었다.

라글레즈로 몰린 파이퍼전투단에 남은 전력은 처음의 3분의 1로 줄어버린 1,500명의 병사들과 처음의 5분의 1로 줄어버린 13대의 판터전차 및 6대의 4호전차, 6대의 쾨니히스티거, 그 외 잡다한 차량들뿐이었다. 연료와 탄약의 부족도 심각했다.

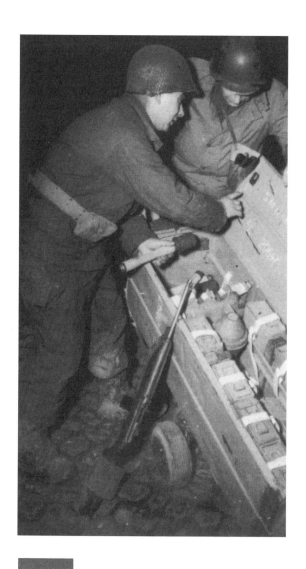

폰 데어 하이테의 부대 중 다수는 사진에 나온 것과 같은 탄약 콘테이너와 함께 잘못된 지점에 투하되었다. 사진 속의 콘테이너는 몽샤우 숲 북쪽 코르넬리문스터(Kornelimunster) 부근의 미군 전선에 떨어졌다.(NARA)

이후 전투는 독일군과 미군 양측이 무익하게 서로 상대방의 방어선을 서로 찔러보다 지쳐 나가떨어지는 양상으로 전개되었다.

12월 22일 오후, 몬케는 파이퍼에게 "그날 일찍 파이퍼전투단과 연결을 회복하려는 시도가 모두 실패했다"는 사실을 알려주었다. 이에 파이퍼는 휘하의 지휘관들과 협의한 후 몬케에게 "독일군 쪽으로 돌파해나가는 것을 허용해달라"고 요청했으나 거부당하고 말았다.

헤르만 프라이스 군단장은 제6기갑군 사령관 디트리히에게 "진격중인 제9친위기갑사단을 빼내어 스타벨로 지역에서 미군을 몰아내고 파이퍼에게 탈출로를 뚫어주는 것이 좋겠다"는 의견을 상신했지만 디트리히는 이를 거부했다.

그날밤, 고립된 라글레즈의 파이퍼부대에게 공중보급 시도가 있었다. 그러나 3대의 Ju-52수송기가 떨어뜨린 보급품들 중에서 독일군 지역에 제대로 떨어진 것은 겨우 10분의 1에 불과했다.

미군은 12월 23일 앙블레브 서쪽에 남아 있던 독일군 부대들에 대한 공격을 개시했지만 다음날이 되어서야 겨우 독일군을 몰아낼 수 있었다.

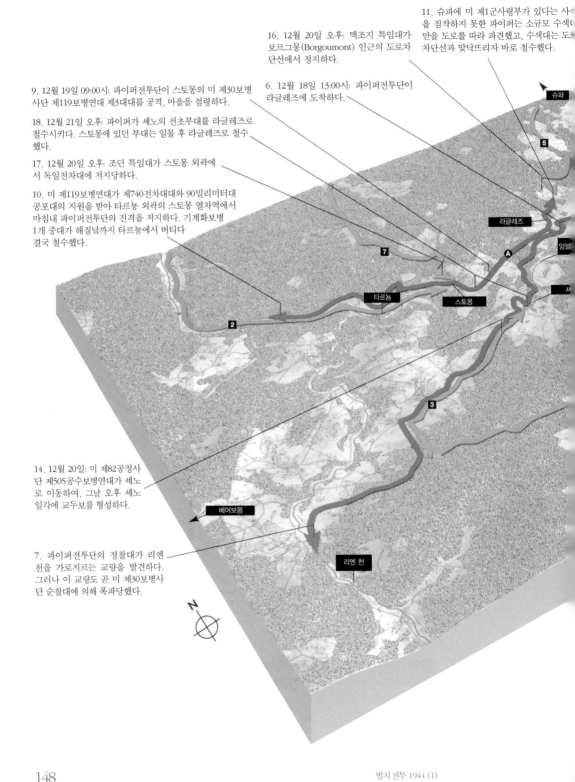

11. 슈파에 미 제1군사령부가 있다는 사실을 짐작하지 못한 파이퍼는 소규모 수색대만을 도로를 따라 파견했고, 수색대는 도로차단선과 맞닥뜨리자 바로 철수했다.

16. 12월 20일 오후: 맥조지 특임대가 보르그몽(Borgoumont) 인근의 도로차단선에서 정지하다.

9. 12월 19일 09:00시: 파이퍼전투단이 스토몽의 미 제30보병사단 제119보병연대 제3대대를 공격, 마을을 점령하다.

6. 12월 18일 13:00시: 파이퍼전투단이 라글레즈에 도착하다.

18. 12월 21일 오후: 파이퍼가 셰노의 전초부대를 라글레즈로 철수시키다. 스토몽에 있던 부대는 일몰 후 라글레즈로 철수했다.

17. 12월 20일 오후: 조던 특임대가 스토몽 외곽에서 독일전차대에 저지당하다.

10. 미 제119보병연대가 제740전차대대와 90밀리미터대공포대의 지원을 받아 타르농 외곽의 스토몽 열차역에서 마침내 파이퍼전투단의 진격을 저지하다. 기계화보병 1개 중대가 해질녘까지 타르농에서 버티다 결국 철수했다.

슈파

5

라글레즈

앙블

A

7

타르농

스토몽

셰

2

3

14. 12월 20일: 미 제82공정사단 제505공수보병연대가 셰노로 이동하여, 그날 오후 셰노 일각에 교두보를 형성하다.

베어보몽

7. 파이퍼전투단의 정찰대가 리엔 천을 가로지르는 교량을 발견하다. 그러나 이 교량도 곧 미 제30보병사단 순찰대에 의해 폭파당했다.

리엔 천

N

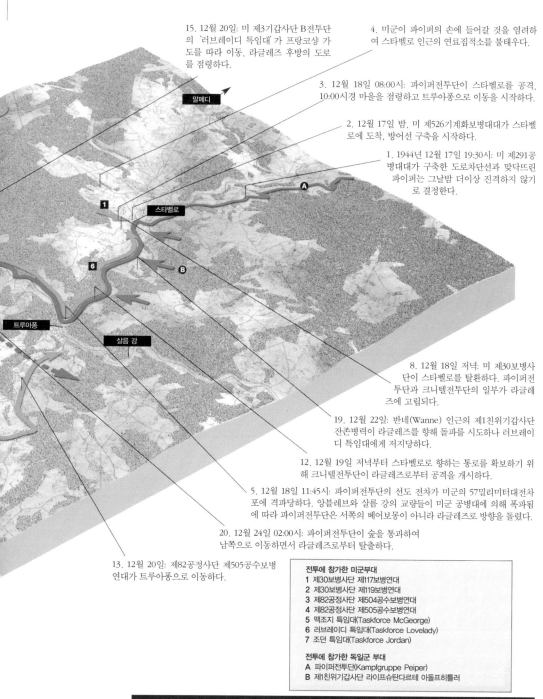

15. 12월 20일: 미 제3기갑사단 B전투단의 '러브레이디 특임대'가 프랑코샹 가도를 따라 이동, 라글레즈 후방의 도로를 점령하다.

4. 미군이 파이퍼의 손에 들어갈 것을 염려하여 스타벨로 인근의 연료집적소를 불태우다.

3. 12월 18일 08:00시: 파이퍼전투단이 스타벨로를 공격, 10:00시경 마을을 점령하고 트루아퐁으로 이동을 시작하다.

2. 12월 17일 밤, 미 제526기계화보병대대가 스타벨로에 도착, 방어선 구축을 시작하다.

1. 1944년 12월 17일 19:30시: 미 제291공병대대가 구축한 도로차단선과 맞닥뜨린 파이퍼는 그날밤 더이상 진격하지 않기로 결정한다.

말메디

1

스타벨로

6

B

트루아퐁

살름 강

8. 12월 18일 저녁: 미 제30보병사단이 스타벨로를 탈환하다. 파이퍼전투단과 크니텔전투단의 일부가 라글레즈에 고립되다.

19. 12월 22일: 반네(Wanne) 인근의 제1친위기갑사단 잔존병력이 라글레즈를 향해 돌파를 시도하나 러브레이디 특임대에게 저지당하다.

12. 12월 19일 저녁부터 스타벨로로 향하는 통로를 확보하기 위해 크니텔전투단이 라글레즈로부터 공격을 개시하다.

5. 12월 18일 11:45시: 파이퍼전투단의 선도 전차가 미군의 57밀리미터대전차포에 격파당하다. 앙블레브와 살름 강의 교량들이 미군 공병대에 의해 폭파됨에 따라 파이퍼전투단은 서쪽의 베어보몽이 아니라 라글레즈로 방향을 돌렸다.

20. 12월 24일 02:00시: 파이퍼전투단이 숲을 통과하여 남쪽으로 이동하면서 라글레즈로부터 탈출하다.

13. 12월 20일: 제82공정사단 제505공수보병연대가 트루아퐁으로 이동하다.

전투에 참가한 미군부대
1 제30보병사단 제117보병연대
2 제30보병사단 제119보병연대
3 제82공정사단 제504공수보병연대
4 제82공정사단 제505공수보병연대
5 맥조지 특임대(Taskforce McGeorge)
6 러브레이디 특임대(Taskforce Lovelady)
7 조던 특임대(Taskforce Jordan)

전투에 참가한 독일군 부대
A 파이퍼전투단(Kampfgruppe Peiper)
B 제1친위기갑사단 라이프슈탄다르테 아돌프히틀러

1944년 12월 18일~23일 파이퍼전투단의 행로

이 전황도는 남서쪽에서 바라본 것으로, 사방에서 미군이 조여오는 가운데 필사적으로 뫼즈 강으로 갈 수 있는 통로를 찾으려고 안간힘을 쓰는 파이퍼전투단의 모습을 볼 수 있다.

크리스마스가 밝아오기 직전, 크니텔전투단은 마지막 부대를 철수시킬 수밖에 없었다. 크리스마스가 밝아오자 스타벨로 지역은 완전히 미군의 수중에 떨어졌고, 파이퍼부대의 구출가능성도 함께 사라져버렸다.

파이퍼는 약 3개 대대의 보병과 3개 전차중대에 포위되어 있었다. 미군부대들은 동쪽으로는 스토몽으로부터, 서쪽으로는 라글레즈 반대쪽으로부터 독일군 진지를 찔러대고 있었다. 이런 공격들은 번번히 라글레즈에서 퍼붓는 독일군 전차들의 포격으로 좌절되었지만, 파이퍼의 병사들은 종일 격렬한 포화를 뒤집어써야만 했다. 이때 미군이 사용한 무기들 중에서 가장 효과적이었던 것은 M12 155밀리미터자주포 1문이었다. 이 포는 마을 외곽에서 마을을 향해 거의 영거리사격으로 200발을 쏘아댔다.

전날 디트리히는 파이퍼의 철수요청을 거부했지만, 스타벨로 지역의 상황이 점점 더 심각해짐에 따라 결정권은 현지상황을 잘 파악하고 있는 현장지휘관에게 위임되었고, 결국 사단장인 빌헬름 몬케가 최종결정을 내리게 되었다. 12월 23일, 마침내 돌파를 허가받은 파이퍼는 그날밤에 당장 탈출하기로 결정했다.

파이퍼전투단의 병사들 중에서 탈출에 참가할 수 있을 정도로 체력이 남아 있는 병사들은 약 800명 정도였다. 부상자들은 모두 뒤에 남겨졌다. 걸을 수 있는 부상자들은 본대가 철수한 후 남은 장비들을 파기하는 임무를 맡았다. 라글레즈로부터의 탈출은 12월 24일 02:00시경 마을 남쪽 숲을 빠져나가면서부터 시작되었다.

파이퍼전투단의 잔존병력 770여 명은 미 제82공정사단 소속 병사들과 잠시 조우했던 것을 제외하면 별다른 충돌 없이 36시간 후 약 20킬로미터 떨어진 독일군 전선에 도착했다. 12월 24일 이른 아침, 소수의 후위대를 제압하고 라글레즈를 점령한 미군들은 마을 안에 독일군 부상병들과 107명의 미군 포로들 외에는 아무도 없다는 사실에 경악했다.

제1친위기갑사단은 임무달성에 실패하고 막대한 손실을 입었다. 크리스마스까지의 인명손실은 2,000명에 달했고 그 중 300명은 포로가 되었다. 장비손실은 더 엄청났다. 쾨니히스티거 11대, 판터 27대, 4호전차 20대, 4호구축전차 12대 등 사단 전체 전차전력의 65퍼센트가 손실을 입었다. 게다가 남은 기갑차량들도 상당수 고장이 나거나 진창에 처박혀버린 상황이었다.

: : 특수작전: 그리프 작전과 슈퇴서 작전

아르덴 공세와 관련된 독일군의 특수작전은 완전히 용두사미로 끝났지만, 그로 인한 파급효과는 정말 보잘 것 없었던 작전성과보다 훨씬 큰 것이었다.

슈코르체니가 지휘한 제150기갑여단은 미군을 가장하여 연합군 전선을 드나들 수 있을 만큼 영어실력을 갖춘 병사들을 모집하기 위해 1944년 11월에 창설되었다. 그러나 영어를 진짜 원어민처럼 구사할 수 있는 자들은 12명이 채 못 되었고, 그보다는 못하지만 영어를 구사할 줄 아는 인원이 400명 정도 모였다. 그 결과 이 부대의 규모는 2개 여단으로 축소되었고, 영어를 가장 잘 구사하는 자들은 '슈타인하우(Steinhau)팀'이라는 특수부대로 따로 분리되었다.

이들이 써먹을 미군장비를 모으는 것도 쉽지는 않았다. 대부분의 독일군 부대들은 편리하게 사용하고 있던 노획한 미군 지프를 내놓으려 하지 않았고, 어찌어찌 수집한 전차나 장갑차들도 대부분 사용할 수 없을 정도로 상태가 엉망이었다. 결국 5대의 판터전차를 M10울버린대전차자주포처럼 보이도록 개조하고, 5대의 3호돌격포도 정체를 숨길 수 있도록 개조하자는 결정이 내려졌다.

이 외에도 제150기갑여단에는 별도의 임무가 떨어졌다. 44명의 슈타인하우 팀원들은 1대의 지프에 탑승한 몇 명의 인원으로 이루어진 6개 그

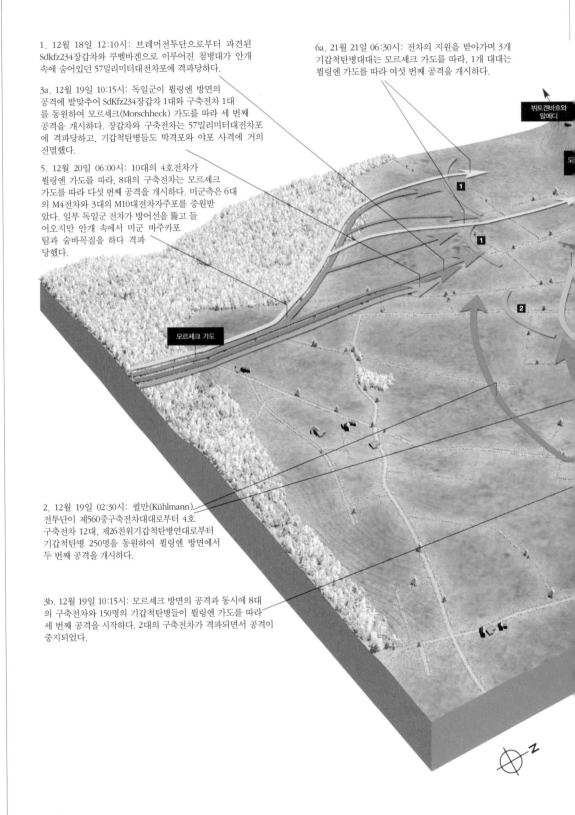

1. 12월 18일 12:10시: 브레머전투단으로부터 파견된 Sdkfz234장갑차와 쿠벨바겐으로 이루어진 첨병대가 안개 속에 숨어있던 57밀리미터대전차포에 격파당하다.

3a. 12월 19일 10:15시: 독일군이 빌링엔 방면의 공격에 발맞추어 SdKfz234장갑차 1대와 구축전차 1대를 동원하여 모르셰크(Morschheck) 가도를 따라 세 번째 공격을 개시하다. 장갑차와 구축전차는 57밀리미터대전차포에 격파당하고, 기갑척탄병들도 박격포와 야포 사격에 거의 전멸했다.

5. 12월 20일 06:00시: 10대의 4호전차가 빌링엔 가도를 따라, 8대의 구축전차는 모르셰크 가도를 따라 다섯 번째 공격을 개시하다. 미군측은 6대의 M4전차와 3대의 M10대전차자주포를 증원받았다. 일부 독일군 전차가 방어선을 뚫고 들어오지만 안개 속에서 미군 바주카포팀과 숨바꼭질을 하다 격파당했다.

6a. 21월 21일 06:30시: 전차의 지원을 받아가며 3개 기갑척탄병대대는 모르셰크 가도를 따라, 1개 대대는 빌링엔 가도를 따라 여섯 번째 공격을 개시하다.

뷔트겐바흐와 말메디

모르셰크 가도

2. 12월 19일 02:30시: 퀼만(Kühlmann) 전투단이 제560중구축전차대대로부터 4호 구축전차 12대, 제26친위기갑척탄병연대로부터 기갑척탄병 250명을 동원하여 빌링엔 방면에서 두 번째 공격을 개시하다.

3b. 12월 19일 10:15시: 모르셰크 방면의 공격과 동시에 8대의 구축전차와 150명의 기갑척탄병들이 빌링엔 가도를 따라 세 번째 공격을 시작하다. 2대의 구축전차가 격파되면서 공격이 중지되었다.

4. 12월 20일 03:30시: 제26친위기갑척탄병연대 예하 2개 대대가 제560중구축전차대대의 지원을 받아 네 번째 공격을 시작하다. 일부 구축전차가 미군 방어선을 뚫고 들어오지만 대부분 격파당했다.

5. 12월 20일 06:00시: 10대의 4호전차는 빌링엔 가도를 따라, 8대의 구축전차는 모르셰크 가도를 따라 다섯 번째 공격을 개시한다. 미군측은 6대의 M4전차와 3대의 M10대전차자주포를 증원받았다. 일부 독일군 전차가 방어선을 뚫고 들어오지만 안개 속에서 미군 바주카포팀과 숨바꼭질을 하다 격파당했다.

슈바르첸바흐 첸(川)

빌링엔 가도

2. 12월 19일 02:30시: 퀼만전투단이 제560중구축전차대대로부터 4호구축전차 12대, 제26친위기갑척탄병연대로부터 기갑척탄병 250명을 동원하여 빌링엔 방면에서 두 번째 공격을 개시하다.

6b. 12월 21일 06:30시: 전차의 지원을 받아가며 3개 기갑척탄병대대는 모르셰크 가도를 따라, 1개 대대는 빌링엔 가도를 따라 여섯 번째 공격을 개시하다. 모르셰크 가도 방면의 공격에 E중대의 방어선이 뚫려 8대의 4호전차가 장원 안으로 뚫고 들어오지만 거의 모두 격파당했다.

전투에 참가한 미군부대
제1보병사단 제26보병연대 예하대
1 E중대
2 F중대
3 G중대
4 I중대

히틀러유겐트, 돔 뷔트겐바흐에서 발이 묶이다

이 그림은 미 제1보병사단 제26보병연대가 지키고 있던 뷔트겐바흐 장원에 독일군이 가해온 일련의 공격을 보여주고 있다. 제12친위기갑사단 히틀러유겐트는 치열한 전투를 벌이고도 이곳을 점령하지 못하자 결국 철수하고 만다.

룹으로 나뉘어, 4개 그룹은 정찰을 위해 미군 전선 후방으로 침투해 들어 갔고, 2개 그룹은 교량을 폭파하거나 연합군의 이동을 교란시키는 한편 통신선을 절단하는 임무를 수행했다.

한편, 제150기갑여단의 본대는 제1친위기갑군단의 후방에 배치되어 다른 임무를 맡게 될 예정이었다. 일단 독일군이 엘젠보른 능선을 넘어 호 헤스펜에 도달하게 될 경우, 진격하는 독일군의 전방에 배치되어 퇴각하 는 미군 병력으로 가장하여 아메이(Amay), 위, 또는 뫼즈 강을 건너는 다 리를 최소한 2개쯤 탈취하는 임무였다.

슈타인하우팀은 독일군의 아르덴 공세가 시작된 지 이틀째에 미군 전 선으로 침투해 들어갔다. 미군측의 기록에 따르면 총 18명의 독일군 스파 이를 체포한 것으로 되어 있으나, 실제 체포된 슈타인하우 팀원은 8명 정 도인 듯하다. 슈타인하우팀의 활동이 어떤 효과를 가져왔는지는 실제로 측정하기가 어렵다. 그러나 이들의 활동은 수많은 신화와 전설을 만들어 냈다.

슈타인하우팀이 행한 정찰활동이나 폭파활동 가운데 특기할 만한 것 은 전혀 없지만, 팀원들 중 몇몇이 사로잡히면서 미군의 후방지역에 큰 혼 란이 야기됐다. 제106사단은 전투가 벌어진 첫날에 그리프 작전의 개요가 적힌 서류를 노획했는데, 사로잡힌 독일군 특수부대원들은 심문과정에서 자신들의 임무가 무엇인지를 자백했다. 그 중 한 명은 자신들의 팀이 아이 젠하워 장군을 암살하러 가던 중이었다고 밝혔다. 물론 새빨간 거짓말이 었지만, 이 때문에 아이젠하워 장군은 사령부에서 거의 감금상태로 며칠 을 보내야만 했다.

이런 상황에서 얼 브라우닝(Earl Browning)이라는 미군의 한 젊은 대 (對)정보전 장교가 기발한 아이디어를 생각해냈다. 수상한 사람을 만나면 미국에서 살았던 사람만이 알 수 있는 스포츠나 할리우드와 관련된 시시 콜콜한 질문을 해보자는 것이었다. 그러나 이러한 조치는 미군 내에서 슈타인하우팀 자체보다 훨씬 더 큰 혼란과 잡음을 유발했다.

제1친위기갑군단이 엘젠보른 지역의 미군 방어선을 뚫는 데 실패하자, 슈코르체니는 원래 의도한 대로 자신의 부대를 써먹을 가능성이 거의 없다는 사실을 깨달았다. 12월 17일 저녁, 슈코르체니는 그날 오전 파이퍼 전투단이 우회했던 말메디의 중요 교차로의 점령을 위해 자신의 기갑여단을 제1친위기갑사단과 함께 공격에 투입시키는 데 동의했다.

원래 말메디를 지키고 있던 병력은 제291공병대대였다. 그리고 정말 기계하게도 (또한 미군으로서는 아주 운이 좋게도) 제1군 직할의 보안부대가 이 공병대대를 증원하는 임무를 맡았다. 1944년 11월, 미 제1군은 제23 대전차자주포연대를 중심으로 독일의 게릴라 집단과 파괴공작원들에 대처하기 위한 보안부대를 창설했다. 이 부대 예하 제99(노르웨이)보병대대와 기계화보병대대, 그리고 대전차자주포중대로 구성된 T부대(T Force)는 제30사단이 도착할 때까지 도로교차점을 경비하기 위해 말메디-스타벨로 보급창 지역에 파견되었다. 제30사단의 제120보병연대는 12월 21일 파이퍼의 공격이 시작되기 전에 말메디에 도착했다.

파이퍼부대의 공격은 마을로 향하는 두 개의 주도로를 따라 동이 트기 전에 시작되었다. 그러나 새벽의 어둠 속에서 소총과 바주카포의 집중사격과 포격을 덮어쓰고 공격은 정지되었다. 동이 트면서 안개가 걷히자, 미군 관측병들은 마을로 들어오는 길목의 다리에서 오도가도 못하고 몰려있는 독일군을 향해 손쉽게 포격을 유도할 수 있었다.

오후가 되자 더이상 견딜 수 없게 된 독일 전투단은 많은 전차를 잃고 퇴각해야 했다. 12월 22일 동트기 전, 독일군은 다시 한 번 공격을 시도했지만 이 역시 금세 격퇴되었다. 그리고 미군 공병대는 독일군이 다리를 탈취하기 위한 공격을 아예 포기하도록 그날 오후 늦게 중요 교량 몇 개를 폭파시켜 버렸다.

그런데 말메디 전투에서 가장 비극적인 사건들 중 하나가 다음날 발생했다. 말메디가 독일군의 손에 떨어졌다는 잘못된 정보를 입수한 미군 폭격기들이 마을을 폭격하여 200명이 넘는 민간인과 미군 병사들이 희생된 것이다. 결국 제150기갑여단은 12월 말까지 전선에 남아 있다가 후에 독일로 돌아가 해산되고 말았다.

독일의 팔쉬름애거부대가 동원된 '슈퇴서 작전'은 '그리프 작전'보다 더 엉망으로 진행되었다. 작전의 시작부터 독일군은 폰 데어 하이테(von der Heydte) 대령의 지휘를 받는 팔쉬름애거부대를 비행장으로 이동시킬 트럭이 부족하여 작전을 하루 연기할 수밖에 없었다.

이들이 겨우 출발한 것은 12월 17일 03:00시였다. 그나마 조종사들의 항법조작 미숙으로 1개 중대는 미군의 후방은커녕 전선에서 50킬로미터나 못 미친 본(Bonn) 인근에 낙하했고, 통신소대는 북부지역에서 교착상태에 빠진 독일군 전선의 바로 코앞에 떨어져버렸다. 독일군 팔쉬름애거들의 강하작전은 조종사들의 항법 미숙뿐만이 아니라 심한 옆바람에 의해

1944년 12월 17일, 제1보병사단 제26보병연대 소속 병사들이 뷜링엔 가도를 따라 뷔트겐바흐 농장으로 향하고 있다. 제26연대는 농장에 위치한 중요 도로교차점을 끝내 지켜냈고, 히틀러유겐트는 발이 묶이고 말았다.(NARA)

서도 방해를 받았고, 결과적으로 겨우 60명만이 폰 데어 하이테 대령과 함께 호헤스펜 습지대에 강하하는 데 성공했다.

이 병력으로는 어떤 재주를 부려도 도저히 계획대로 뫼즈 강의 다리를 점령하고 지켜낼 도리가 없었다. 하지만 답이 보이지 않는 절망적인 상황에서도 하이테와 휘하의 공수부대원들은 이후 며칠 동안 정찰활동을 수행하고 소규모 습격을 실시하며 벨기에 시골 일대에 흩어져 나머지 300명의 동료들을 모으는 데 성공했다. 그러나 제1친위기갑군단이 엘젠보른 능선조차 넘지 못하고 뫼즈 강은 구경도 못할 처지에 놓이게 되자 그들이 무슨 일을 하더라도 별 의미가 없게 되었다.

12월 21일 오후, 이들은 몽샤우 인근의 독일군 전선으로 철수하라는 명령을 받았다.

│ 히틀러유겐트, 발이 묶이다 │

12월 18일 저녁, 크린켈트-로쉐라트 지역에서의 무익한 공격으로 많은 손해를 입은 제12친위기갑사단 히틀러유겐트는 군단장 헤르만 프라이스로부터 공격방향을 뷔트겐바흐로 돌릴 것을 명령받았다. 그러나 아이펠 지역의 끔찍한 교통정체와 엄청난 교통량으로 로스하이머그라벤을 통과하는 도로사정이 엉망이 됨에 따라 이동속도는 매우 느렸다. 평소에는 사람도 잘 다니지 않던 숲속의 소로가 이런 대규모 기갑부대의 이동을 견뎌낼 리가 없었다. 일부지역에서는 궤도차량들의 지속적인 통행으로 도로가 뻘밭이 되는 바람에 전차마저 엔진데크 높이까지 진흙 속에 묻혀버리는 형편이었다.

뷔트겐바흐로 가는 길목을 지키고 있던 병력은 미 제1보병사단 빅 레드 원(Big Red One)의 제26보병연대였다. 12월 초, 휘르트겐 숲 경계에서 전투를 벌였던 제26연대는 상당한 피해를 입은 상태였다. 제26보병연대는 뷔트겐바흐 동쪽에 배치되었는데, 그 중 선봉대인 제2대대는 (미국인들에게는 '돔 뷔트겐바흐'로 더 잘 알려진) 도마네 뷔트겐바흐(Domane Bütgen-bach) 장원 농장을 내려다보는 언덕에 배치되었다.

12월 18일 정오경, 이 지역에 처음으로 도착한 히틀러유겐트사단의 부대는 사단수색대대를 중심으로 편성된 브레머(Bremer)전투단이었다. SdKfz234와 쿠벨바겐 1대씩으로 구성된 정찰대가 돔 뷔트겐바흐로 향하는 도로를 따라 이동해왔고, 이 두 차량은 안개 속에 숨어있던 57밀리미터 대전차포 1문에 의해 모두 격파되었다. 그 뒤를 따르던 2대의 트럭은 황급히 싣고 있던 보병들을 농장 남쪽의 숲속에 내려놓았지만, 곧 이들도 미군의 집중포격을 받고 거의 전멸당하고 말았다.

히틀러유겐트 본대는 12월 18일 밤에서 19일 새벽 사이에 3개의 전투단으로 나뉘어 도착했다. 첫 공격은 02:30시경 제150중(重)구축전차대대의 4호구축전차 12대와 제26기갑척탄병연대의 2개 중대로 구성된 퀼만(Kühlmann)전투단에 의해 시작되었다.

어둠을 틈타 미군 방어선의 약 700야드 전방에 전차를 선두로 한 기갑척탄병들이 몰려들었다. 이에 제26보병연대는 박격포로 조명탄을 쏘아올리고 포격지원을 요청했다. 격렬한 포화와 소화기사격으로 기갑척탄병들은 더이상 전진할 수 없었고, 구축전차 몇 대는 미군진지 전면에서 진흙탕에 빠져 꼼짝달싹할 수 없게 되었다.

3대의 구축전차가 장원으로 뚫고 들어왔으나 155밀리미터포탄이 쏟아지자 이들은 서둘러 방향을 돌려 퇴각을 시작했다. 3대의 구축전차 중 2대가 퇴각 도중 격파당했다. 시작된 지 1시간 만에 공격은 사그라들었고, 이제 전장에는 100여 구의 독일군 시체와 불타는 3대의 구축전차만이 남게되었다.

새벽 공격에 실패한 독일군은 10:15시까지 미군 진지에 포격을 퍼부었다. 그 후 독일군은 1대의 SdKfz234장갑차와 1대의 구축전차를 앞세워 모르셰크 도로를 따라 공격을 재개했다. 그러나 두 차량 모두 57밀리미터대전차포의 근거리사격에 격파되었고, 그 뒤를 따르던 기갑척탄병중대도 뒤이은 박격포 사격에 거의 전멸당하고 말았다.

곧바로 또 한 차례의 공격이 뷜링엔 방면에서 시작되었지만, 2대의 구축전차가 격파되면서 공격은 금세 힘이 빠져버리고 말았다. 이 무렵 히틀러유겐트사단은 탄약부족에 시달리게 되었고, 교통체증으로 꽉 막혀버린 도로를 뚫고 보급품이 도착할 때까지 향후 공격은 연기되었다.

후고 크라스 히틀러유겐트 사단장은 남은 전차와 구축전차로 퀼만전투단을 보강했다. 강화된 퀼만전투단은 자정경 공격을 위해 이동을 개시했지만, 공격대형을 채 형성하기도 전에 곧바로 미군의 격렬한 포격을 받았다. 그래도 독일군은 고집스럽게 공격을 속행하여 뷜링엔 방면으로부터 주공(主攻)을, 모르셰크 방면에서 조공(助攻)을 가했다.

제560중구축전차대대의 구축전차들을 앞세우고 공격에 나선 독일군은 이번에도 격렬한 저항과 집중포화와 마주쳐야 했다. 어찌어찌해서 최소한 5대의 구축전차가 미군 보병들의 참호선을 돌파하고 장원 농장 안으로 돌입하는 데 성공했지만, 이들은 보병의 지원을 전혀 받지 못하여 2대는 미군 바주카포팀들에게 격파당하고 남은 2대는 퇴각하고 말았다. 몇 대의 독일 구축전차들은 또 진창 속에 처박혀버렸다.

양측 모두 큰 피해를 입은 상태에서 전투는 05:30시경이 되어야 겨우 끝이 났다. 미군은 방어선을 유지하는 데 성공했지만, 바주카포탄과 대전차지뢰가 거의 남아 있지 않은 상황이었다. 하루종일 처절한 혈전을 치르며 양측 모두 많은 사상자가 발생했는데, 특히 돔 뷔트겐바흐에 대한 네 번째 공격에서는 12대의 독일군 구축전차들이 줄줄이 격파되거나 진흙탕에 빠져버렸다.

그러나 미군에게 휴식과 재편성 및 방어선을 강화할 시간을 주지 않기 위해, 크라스는 퀼만전투단의 다른 부대들을 동원하여 06:00시경 장원에 대한 공격을 재개했다. 여기에는 모르셰크 방면으로부터 시작된 공격에 동원됐다가 살아남은 8대의 구축전차와 빌링엔 방면에서 살아남은 10여 대의 4호전차 및 판터전차들이 동원되었다.

구축전차들은 57밀리미터대전차포를 깔아뭉개면서 미군의 참호선을 뚫고 들어가는 데 성공했지만, 앞서의 공격과 마찬가지로 미군의 격렬한 소화기사격과 포격 때문에 독일의 기갑척탄병들은 구축전차들을 따라가서 지원해줄 수가 없었다. 결국, 독일군 전차들은 미군의 전방 방어선에 도착한 뒤 안개 속에서 신출귀몰하는 미군 바주카포에 차례로 사냥당하고 말았다.

동틀녘, 마침내 공격이 중지되었다. 12월 20일에 벌어졌던 주요 공격은 이것이 마지막이었다. 물론 그 이후로도 하루종일 척탄병들의 소규모 공격은 계속되었지만 별다른 효과를 보지 못했다. 돔 뷔트겐바흐에 대한 공격의 주력을 맡았던 제560중구축전차대대의 경우, 원래 보유했던 12대의 야크트판터(Jagdpanther)와 25대의 4호구축전차는 각각 3대와 10대로 줄어 있었다.

거의 자포자기 상태에 빠진 크라스는 남은 기갑척탄병대대와 전차들을 총동원하여 마지막 총공세를 한 번 더 펼쳐보기로 결정했다. 4개 포병대대는 남은 탄약을 모조리 동원하여 이 공격을 지원하기로 했다. 12월 21일 03:00시, 미군 진지에 격렬한 포화가 쏟아지면서 막대한 사상자가 발생했다. 미군도 이에 지지 않고 포병대를 동원하여 독일군의 공격집결지점으로 의심되는 곳들을 마구 두들겼다.

그러나 독일군의 공격은 기갑척탄병대대 중 하나가 어둠 속에서 길을 잃어버리는 바람에 적잖이 지연되었고, 마침내 문제의 부대가 겨우 제자리를 찾아 공격이 시작된 것은 예정된 시각보다 3시간이나 늦은 06:25시였다.

독일군은 공격을 선도하던 판터전차와 이를 뒤따르던 야크트판터전차가 57밀리미터대전차포에 격파당하는 바람에 시작부터 큰 어려움에 봉착

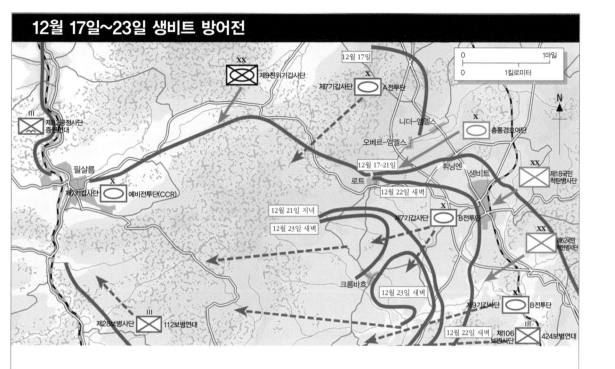

했다. 하지만 독일군 전차부대는 기어이 남쪽의 모르셰크 도로 방면을 지키던 남은 57밀리미터대전차포들을 모조리 격파하는 데 성공했다.

동틀녘까지 공격을 계속하던 독일군은 마침내 4호전차 8대를 장원 안으로 밀어넣는 데 성공했다. 서로 코앞에서 포를 쏴대는 혼전 속에서 2대의 M4전차와 2대의 4호전차가 영거리에서 서로 마주 쏘다 격파되는 진풍경이 벌어지기도 했다. 남은 6대의 독일전차는 계속 농장건물들 사이로 돌입했으나 그 뒤를 따라 농장까지 진입한 기갑척탄병은 6명에 불과했다. 하지만 이 6명도 곧 연대 본부중대원들에게 순식간에 사살당하고 말았다. 남은 4호전차들은 석조로 된 농장건물들을 방패 삼아 2대의 M4셔먼이 근처 언덕에서 퍼부어대는 사격을 피하기에 급급했다.

동트기 전 실시된 공격은 미군 방어선의 남측면에 구멍을 뚫었지만, 계속되는 미군의 격렬한 포격 때문에 정작 독일군 보병들은 이 구멍을 통해 미군 방어진으로 쇄도할 수가 없었다. 10:00시경, 독일군은 다시 한 번 전차들을 동원하여 공격을 시작했으나 미군의 M10울버린대전차자주포

돌파구의 확대

1대가 독일군 전차들을 줄줄이 격파하자 이 공격도 멈춰버리고 말았다.

정오가 다 되도록 간헐적인 전투가 지속되었으나 독일군은 여전히 별다른 성과를 거두지 못했고, 오후가 되자 미군 쪽에서는 제613대전차자주포대대 소속의 M36잭슨90밀리미터대전차자주포 4대가 증원부대로 도착했다. 이들이 농장건물의 나무로 된 부분에 포탄을 쏘아넣자 그때까지 살아남아 있던 3대의 독일군 전차들은 더이상 견디다 못하고 퇴각하기 시작했다. 하지만 퇴각하는 도중 2대가 격파당했으므로 살아서 빠져나간 것은 겨우 1대에 불과했다.

마지막 공격마저 실패로 돌아가자 크라스는 리에주로 향하는 롤반C를 여는 것이 불가능하다는 사실을 깨닫게 되었다. 히틀러유겐트는 결국 이 지역에서 철수하여 남부지역으로 파견되었다가, 나중에는 앞서의 전투와 마찬가지로 무익한 바스토뉴 공격에 재투입되었다.

돔 뷔트겐바흐를 공격하면서 히틀러유겐트는 1,200명이 넘는 인명피해를 입었고, 그 가운데 전사자는 728명에 달했다. 크린켈트-로쉐라트와 돔 뷔트겐바흐 전투에서 히틀러유겐트는 보유하고 있던 41대의 판터 중 32대, 33대의 4호전차 중 12대, 14대의 야크트판터 중 3대, 26대의 4호구축전차 중 18대를 잃었다. 기존 전차전력의 약 60퍼센트에 달하는 규모였다.

물론 미군측의 피해도 컸다. 제23보병연대의 경우, 원래 병력 2,500명 중 500명이 전사, 부상, 혹은 포로가 되었다. 장비손실도 심해서 57문의 대전차포와 3대의 M4셔먼전차, 3대의 M10울버린대전차자주포를 각각 상실했다. 그러나 제23보병연대가 뷔트겐바흐 장원을 끝내 지켜내자, 독일군은 이제 북부지역 통로를 따라 돌파구를 뚫을 수 없게 되었다.

돔 뷔트겐바흐 방어에 있어서 핵심적인 역할을 수행했던 것은 사단포병대와 인근 엘젠보른 능선에 배치된 포병부대들의 지원포격이었다. 제23보병연대의 뷔트겐바흐 방어전을 지원하기 위해 미군 포병대는 약 1만 발의 포탄을 이 지역에 쏟아부었다.

| 실패한 도박 |

제1친위기갑군단이 아르덴 돌출부의 북쪽 어깨에서 돌파구를 여는 데 실패하면서 히틀러의 마지막 도박도 마침내 끝장이 났다. 독일군이 이 지역에서 실패한 이유는 다양했다. 일단은 계획 자체가 가장 기본적인 고려사항조차 무시하고 있었고, 가장 중요한 전구를 담당한 디트리히는 전장감각이 너무 부족했다. 그는 삼림지대에서 전투를 벌이면서 미군 보병들의 방어력이 얼마나 큰 문제를 야기할 것인지를 과소평가했다.

공세 초기에 실시했던 공격준비사격도 실수였다. 이 포격은 미군에게 별다른 타격은 주지도 못하면서 미군 방어선에 공격의 시작을 경고해줄 뿐이었다. 선봉에 선 독일군 보병들은 미군 방어진을 돌파하는 데 필요한 기갑지원을 충분히 받지 못했고, 그 결과 독일군 보병들은 참호에 꼭꼭 숨은 미군을 몰아낼 도리가 없었다.

공격 자체도 차량이 통행할 수 있는 몇 개 도로에만 너무 집중되었다. 만약 독일군이 숲속에 나 있는 많은 소로들을 이용했다면, 듬성듬성 배치된 미군의 방어선을 손쉽게 침투하여 미군의 뒷통수를 후려칠 수도 있었을 것이다. 그나마 겨우겨우 숲을 빠져나오자 이번에는 제12친위기갑사단이 크린켈트-로쉐라트의 방어선에서 발이 묶여버리고 말았다. 숲속에서 국민척탄병들이 제대로 임무를 수행해내지 못하는 데 실망한 히틀러유겐트의 사단장은 쌍둥이마을을 방어하고 있던 미군들을 상대로 국민척탄병들을 제대로 활용하려 들지 않았다. 이러한 실수는 돔 뷔트겐바흐를 방어하고 있던 미군들을 상대할 때도 고스란히 반복되었고, 이는 결국 작전 전체의 실패로 이어졌다. 건물들이 빽빽이 들어선 마을에 충분한 보병지원도 없이 우격다짐으로 전차들만 밀어넣은 결과, 한 번 공격을 할 때마다 '독일전차들의 무덤'이 생겨났던 것이다.

파이퍼의 경우, 작전계획 시간표를 지킨 점에 있어서는 비교적 성공적이었다. 이는 그가 공격을 시작하고 처음 며칠간 제대로 된 저항을 거의

받지 않았기 때문이었다. 그러나 이후 며칠 사이에 처음엔 란체라트에서, 그 다음엔 스타벨로 교외에서 발생한 지연요소들이 나중에 치명적인 결과를 낳았다.

파이퍼부대의 구성 자체도 신속한 진격에는 알맞지 않았다. 판터나 티거와 같은 전차들은 성능은 좋았을지 몰라도 기름을 퍼먹는 괴물들이었고, 수많은 하천과 계곡으로 된 지역을 돌파해나갈 작정이면서도 가교장비는 전혀 가져오지 않았다는 점도 문제였다. 또한 적절한 보병과 포병지원도 없었다. 엎친 데 덮친 격으로, 너무나 부실했던 독일군의 전술정보부 덕분에 파이퍼는 라글레즈에서 연료가 떨어져 발이 묶여 있으면서도 바로 코앞에 미군의 대규모 연료저장소가 있다는 사실을 끝내 알지 못했다.

: : 생비트 방어전

아르덴 작전에 투입된 독일의 3개 병력 가운데 유일하게 상당한 돌파구를 열었던 것은 중앙의 만토이펠이 이끄는 제5기갑군이었다. 슈네아이펠 지역에서 제106사단이 산산조각이 나자 미군 전선에는 큰 구멍이 뚫렸고, 이 구멍을 통해 116기갑사단을 선봉으로 독일의 제5기갑군 예하대는 우팔리제(Houfallize)로 신속하게 진격할 수 있었다. 파이퍼전투단과 같은 제6기갑군의 남측 부대들 역시 이 돌파구 덕에 초반에는 수월하게 진격할 수 있었다. 그러나 독일군은 생비트의 핵심도로 교차점 주변에 형성된 미군 돌출부로 인해 이 돌파구를 최대한 활용할 수가 없었고, 생비트는 곧 '독일군의 목구멍에 걸린 가시' 같은 존재가 되었다.

원래 생비트는 불운했던 제106사단의 사령부가 위치해 있던 곳이었다. 12월 17일이 되자 윌리엄 호지의 제9기갑사단 B전투단이 생비트에 도착하여 제424보병연대를 지원하기 위해 여러모로 애를 썼다.

제7기갑사단 B전투단 지휘관이었던 브루스 클라크 준장이 생비트에 도착한 것은 10:30시였다. 제106사단장 앨런 존스 소장은 브루스 클라크에게 "슈네아이펠에 배치된 제106사단 예하 2개 연대와의 연락이 두절됐다"고 설명한 뒤 "이들을 구출하기 위해 로스하임 간격 방면으로 공격을 해주었으면 좋겠다"고 말했다.

네덜란드로부터 생비트까지 부대를 이끌고 오는 동안 도로정체로 큰 어려움을 겪었던 클라크는, 2개 연대와 어떻게든 연락을 취해서 합류지점을 설정하자고 제안했다. 그러나 모든 야전전화선이 독일군에 의해 절단되는 바람에 유선통신은 불가능했고, 또 독일군의 공격이 시작되기 전에 적절한 무선망을 구축해놓지도 못했던 탓에 무전통신도 불가능한 상황이었다. 이러한 상황을 알게 된 클라크는 아연실색하고 말았다.

존스 소장과 클라크 준장이 협의를 하고 있을 때, 포토-레흐트 가도를 따라 패주하는 부대 뒤를 따라온 제14기병연대의 디바인 대령이 뛰어들어왔다. 당시 디바인 대령은 계속되는 전투와 패주 탓에 거의 쓰러지기 일보직전이었다. 사단사령부가 거의 마비되고 혼란에 빠진 상태였음에도 불구하고, 13:30시에 미들턴 소장이 전화를 걸어왔을 때 존스 소장은 "클라크가 도착했고, 제7기갑사단 B전투단도 계속 도착중입니다. 우리는 별 문제없이 독일군을 막을 수 있을 것입니다"라고 말했다. 존스가 군단장에게 실제상황과는 너무 동떨어진 보고를 하는 모습을 본 클라크는 크게 놀랐지만, 존스는 "미들턴 군단장은 이미 해결해야 할 일이 너무 많은 상태가 아닌가"라고 말할 뿐이었다.

14:30시경, 독일군들이 동쪽에서 생비트로 접근해왔고, 마을로 가는 길목에서 소화기사격음이 들리기 시작했다. 존스는 클라크 쪽으로 돌아서서 "자네가 지휘를 맡게. 내 휘하 부대의 지휘권을 모두 넘겨주지"라고 말했다. 존스 소장은 고사하고 제106사단의 일부 참

제106사단 지휘부가 떠난 후, 제7기갑사단 B전투단장인 브루스 클라크 준장이 생비트 구역의 방어책임을 맡게 되었다. 클라크는 1944년 9월에도 제4기갑사단 A전투단을 지휘하여 로렌(Lorraine) 지구에서 독일군의 반격을 격퇴시킨 바 있다.(MHI)

모들보다도 계급이 낮았지만, 클라크는 당시 제106사단 사령부에서 전투경험을 보유한 유일한 지휘관이었다. 결국 클라크는 빠르게 무너지고 있는 생비트 방어진의 지휘를 맡게 되었다.

당시 생비트에서 유일하게 조직적인 전력은 사단공병대대와 임시배속된 군단공병대대뿐이었다. 클라크는 사단공병대대장인 톰 리그스(Tom Riggs) 중령에게 "공병대대와 사단 경비소대를 이끌고 도로를 따라 생비트

동쪽으로 나가 참호선을 구축하여 진격해오는 독일군을 저지하라"고 명령했다.

모든 상황이 절망적이기만 한 것은 아니었다. 박살난 제14기병대에 배속되었던 제275기갑야포대대장 로이 클레이(Roy Clay) 대령은 사단사령부에 나타나 클라크에게 화력지원을 해주겠다고 제안했다. 실제로 제7기갑사단이 도착할 때까지 이 야포대대는 생비트의 유일한 포병전력이었고, 방어전 전 기간에 걸쳐 방어의 중핵 역할을 훌륭히 수행했다.

오후가 되면서 제87기병정찰대대(Cavalry Recon Squadron) B중대를 선두로 한 제7기갑사단 병력의 일부가 도착하기 시작했다. 이들은 도착하는 즉시 마을 동쪽과 북쪽에 급파되어 방어선을 구축했다.

한편, 서쪽으로 진격하느라 정신이 없었던 독일군은 그다지 짜임새 있는 공격을 펼치지 못했다. 한젠전투단의 일부 부대가 포토 인근에서 미군 방어선 서쪽으로 몰려드는 사이, 제18국민척탄병사단 소속 보병들은 마을 동쪽 경계선을 여기저기 찔러대고 있었다.

12월 18일 벌어진 전투 가운데 가장 격렬한 전투는 포토 인근에서 벌어졌다. 포토는 후방으로의 보급로를 유지하는 데 핵심적인 요충지였기 때문에, 제7기갑사단의 A전투단이 이 마을을 점령하려고 시도하자 곧 격전이 펼쳐졌다.

공세 첫날에 생비트를 점령할 수 있을 것으로 생각했던 만토이펠은 예상보다 격렬한 미군의 저항에 당황했다. 이 마을을 일찌감치 점령하지 못하면 여러 가지로 골치아픈 문제가 발생할 공산이 컸다. 게다가 이 마을은 제5기갑군을 양분하는 위치에 들어앉아 있었고, 제5기갑군과 제6기갑군 사이의 지역을 지나는 양호한 상태의 도로들을 대부분 통제하고 있었다. 또한 이 지역에서는 유일하게 쓸만한 동서 간 철도노선 역시 생비트를 지나고 있었다. 만약 독일군이 뫼즈 강에 도달한다면, 이 철도는 독일군의 보급에 없어서는 안 될 존재였다.

1944년 12월 21일 생비트 방어전(168~169쪽 그림)

브루스 클라크 준장의 생비트 방어전략의 핵심은 전차부대의 화력과 기동력을 이용하여 최대한 독일군의 발을 묶어놓는 것이었다. 미군의 기갑사단에는 보병이 3개 대대밖에 배치되지 않았고, 이런 빈약한 보병전력으로는 보병사단처럼 두터운 선(線)방어를 펼칠 도리가 없었다. 따라서 미군은 전차와 지원부대로 구축한 방어거점을 가능한 한 오랫동안 지키다가, 마침내 더 버틸 수 없는 상황이 되면 더 나은 방어거점으로 철수하는 전술을 사용했다. 그림에 나온 2대의 M4셔먼 중(中)전차들은, 클라크가 생비트를 포기하기 직전에 마을 외곽에서 후위대로 독일군을 지연시키며 후퇴하는 모습을 보여주고 있다. M4셔먼은 튼튼하고 신뢰성 있는 전차였지만, 1944년 겨울 무렵에는 5호전차 판터와 같은 신형 독일전차들보다 훨씬 뒤떨어지는 성능의 전차가 되어 있었다. 그러나 1944년~45년에 걸쳐 벌어진 대부분의 전투에서와 같이, 생비트에서도 전차전은 거의 벌어지지 않았으며 M4셔먼전차도 대부분 독일군 보병을 상대했다. 전차병들이 보병을 상대할 때는, 1944년 여름에 새로 도입된 장포신 76.2밀리미터포를 장비한 셔먼보다는 그림에 나온 것과 같은 구형 75밀리미터포를 장비한 셔먼**1**을 더 선호했다. 독일전차를 상대할 때는 물론 장포신 76.2밀리미터포가 더 좋았지만, 신형포의 고폭탄(High-Explosive projectile)은 작약량이 75밀리미터포의 절반에 불과했기 때문이었다. 1944년~45년 사이에 사용된 전차포탄의 4분의 3이 고폭탄이었다는 점을 감안하면, 구형 75밀리미터포를 장비한 셔먼에 대한 전차병들의 선호도 그리 어리석은 것은 아니었다. M4셔먼의 진짜 문제는 1942년의 등장 이래 별 개선이 이루어지지 않은 빈약한 장갑이었다. 일부 부대에서는 셔먼에 모래주머니나 다양한 급조 장갑을 덧붙였지만, 아르덴 전투에 투입된 제7기갑사단 소속 전차들은 그런 추가장갑을 거의 부착하고 있지 않았다. 사실 제7기갑사단도 여름과 가을 동안에는 모래주머니를 보충장갑으로 사용했지만, 클라크는 B전투단장을 맡으면서 모든 전차에 설치된 모래주머니와 위장망을 걷어버리라고 명령했다. '셔먼 예찬론자'였던 패튼에게 감화받은 제3군의 수많은 고참 지휘관들이 그랬듯이, 클라크 역시 모래주머니가 별 효과도 없이 전차의 기동력만 떨어뜨리는 요소라고 생각했다. 그림의 뒤쪽에 보이는 셔먼전차는 피탄당하여 승무원들이 빠져나오고 있다**2**. 1944년 후반기에 벌어진 일련의 전투과정에서 미군전차의 가장 큰 손실 원인은 성형작약탄을 발사하는 독일군의 1회용 개인대전차화기 '판처파우스트(Panzerfaust)'였다. 이 무기는 M4셔먼의 장갑을 쉽게 뚫을 수 있었지만, 정확도가 많이 떨어지기 때문에 명중을 위해서는 근거리에서 발사해야 했다. 그러나 근거리에서 발사하면 사수가 적의 반격에 노출될 가능성이 커졌다. 그래도 판처파우스트가 명중만 된다면 적 전차 내부의 탄약을 인화시킬 가능성이 컸다. 셔먼전차는 휘발유 엔진을 사용하기 때문에 피탄시에 불이 잘 붙는다는 것이 지금까지의 일반적인 상식이었지만, 이는 잘못된 견해다. 실제 전투보고서들을 보면, 셔먼전차의 손실 대부분은 내부의 '탄약'에 불이 붙으면서 발생했다. 성형작약탄의 명중시에 발생하는 뜨거운 메탈제트(Metaljet)가 전차가 탑재한 포탄의 황동탄피를 뚫고들어가 장약을 인화시켰던 것이다. 이렇게 포탄 한 발에 불이 붙으면, 옆의 포탄으로 옮겨붙는 데 불과 30초밖에 걸리지 않았다. 이런 식으로 곧 전차 내부는 타오르는 불지옥이 되었고, 때로는 하루 이상 타오르기도 했다. 따라서 셔먼전차의 승무원들은 일단 피탄당했다 하면 최대한 빨리 전차에서 빠져나오는 것이 최선의 방법이라는 사실을 배우게 되었다.

12월 17일 밤에서 28일 새벽 사이에 만토이펠은 이 문제를 모델 원수와 논의했고, 모델은 생비트의 저항을 분쇄하기 위해 총통경호여단(FBB)을 투입할 것을 제안했다. 이 부대는 제5기갑군 예하 최정예부대의 하나로서, 핵심기간요원들은 그로스도이칠란트(Grossdeutschland)사단에서 차출된 인원들이었다. 이 부대는 원래 제5기갑군의 기갑군단들 중 하나가 돌파구를 뚫으면, 이 돌파구에 투입되어 전과확대를 담당할 예비대로 배치되어 있었다. 따라서 이 부대를 생비트 점령에 사용한다는 것은, 공세 후반기에 이 부대를 원래 목적으로 사용할 기회를 포기한다는 것을 의미했다.

원래 목적을 포기하면서까지 이런 정예부대를 생비트에 투입했다는 사실은 모델과 만토이펠이 생비트를 얼마나 심각한 문제로 인식하고 있었는지를 잘 보여주는 것이기도 하다. 만토이펠은 총통경호여단 투입을 통해 신속하게 생비트를 탈취한 후 총통경호여단을 원래 임무로 되돌릴 수 있을 것이라 생각했다. 그러나 이 부대를 슈네아이펠 후방의 꽉 막힌 도로를 통해 이동시키는 것부터가 큰 문제였다.

12월 17일 아침에 출발한 총통경호여단은 다음날 늦은 밤까지도 쉔베르크 인근에서 교통체증에 발이 묶여 있었다. 계획대로라면 총통경호여단은 북쪽에서, 제18국민척탄병사단은 동쪽에서, 그리고 제62국민척탄병사단은 남쪽에서 동시에 공격을 시도해야 했다. 최초의 공격은 12월 19일로 예정되어 있었지만, 총통경호여단의 배치 지연은 이 계획의 실행을 불가능하게 만들었다.

당시 생비트의 남쪽은 제9기갑사단 B전투단이 지키고 있었고, 제424보병연대는 매우 취약한 상황이었다. 결국 그날 저녁 호지의 전투단은 우르 강 너머로 철수했다. 호지는 그날밤 존스 소장을 만나러 생비트로 왔으나 존스 대신 그를 맞이한 사람은 브루스 클라크였다. 공식적으로는 제106사단의 지휘하에 있었음에도 호지는 계속 생비트의 미군 돌출부 남쪽 측면을 지키며 클라크와 함께 남아 있는 데 동의했다. 다른 미군부대들도 생비트 주변으로 계속 몰려들었고, 그 중에는 제28보병사단 112보병연대도 포함되어 있었다.

생비트에 대한 최초의 대대적인 공격은 12월 19일 밤에서 20일 새벽 사이에 이루어졌다. 총통경호여단은 예하대 중 먼저 도착한 1개 보병대대와 2개 돌격포중대를 투입하여 공격을 시작했지만, 이 공격은 곧 격퇴되었다. 그러나 그날 오후, 방어가 약했던 오베르&니더-엠멜스(Ober-and Nieder-Emmels) 지역의 미군 전초선이 독일군 수중에 떨어졌다.

12월 21일, 총통경호여단 본대가 도착하면서 독일군의 공격은 더욱 거세졌다. 총통경호여단의 1개 대대는 생비트에서 필살름으로 향하는 서향(西向) 도로의 상당부분을 일시적으로 점령했으나 곧 제7기갑사단 B전투단에 의해 밀려났다.

그날의 전투가 전날의 전투와 가장 크게 달랐던 점은, 독일군의 포병대가 겨우 교통체증에서 빠져나와 배치되면서 독일군이 포병을 적극적으로 활용했다는 점이었다. 11:00시부터 생비트에 대한 격렬한 포격이 시작되었다. 독일군의 공격 대부분은 격렬한 공격준비사격과 함께 시작되었다. 독일군 척탄병들은 거의 쉴 새 없이 공격해왔다. 그날 오후에 독일군은 5차례나 공격을 해왔고, 그 과정에서 생비트 동편의 방어를 맡고 있던 제38기계화보병대대와 리그스 대령의 잔존 공병대 방어병력들이 큰 타격을 입었다.

해질 무렵에서 초저녁 사이에는 더욱 격렬한 공격이 있었다. 공격은 처음에 쉔베르크 가도를 따라, 그 다음에는 말메디 가도를 따라, 마지막으로는 프륌(Prüm) 가도 방면에서 네 차례나 더 전개되었다. 가용 예비대도 거의 없는 상황에서 제7기갑사단 B전투단의 방어선에는 구멍이 세 군데나 뚫려버렸다.

22:00시, 현 방어선을 유지하는 것이 불가능하다는 사실을 깨달은 클라크 준장은 부대를 생비트에서 빼내 마을 남서쪽의 고지대로 철수시키기

생비트에 가장 먼저 도착한 증원부대는 윌리엄 호지 준장이 이끄는 제9기갑사단 B전투단이었다. 호지 준장은 노르망디에서 특별공병여단을 지휘했으며, 이후 제9기갑사단 B전투단장으로 영전했다. 이때 패튼은 그가 사단장 자리를 맡아야 할 인재임에도 공병이었다는 사실 때문에 불이익을 받았다고 불만을 터뜨렸다.(NARA)

로 결정했다. 생비트는 12월 21일 밤에서 22일 새벽 사이에 제18국민척탄병사단에게 점령되었다. 클라크는 그날 낮에 벌어진 전투로 미군이 입은 손실이 전체 전력의 반에 이를 것으로 보았다.

생비트에서 미군이 벌인 저항 때문에 제6기갑군은 제5기갑군이 신속하게 남쪽으로 진격하는 것을 지원하지 못하게 되었고, 그 결과 독일군의 서방 진격은 크게 지연되었다. 모델은 생비트 포켓의 분쇄를 명하고, 디트리히에게 제2친위기갑군단의 예하부대를 동원하여 공격을 도울 것을 지시했다.

12월 22일 새벽, 눈이 쏟아지는 가운데 02:00시 총통경호여단이 생비트 서쪽의 로트(Rodt)에 전면적인 공격을 가하면서 격렬한 전투가 벌어졌다. 독일군은 이 전투 과정에서 가장 큰 기갑 규모인 3개 중대 약 25대의 전차를 투입했다. 그러나 지면이 완전히 진창이 되면서 총통경호여단은 전차 운용에 큰 어려움을 겪었고, 전차들 중 일부는 마을에 도착하기도 전에 진흙탕에 빠져버리고 말았다.

로트에서의 전투는 매우 치열했다. M4서먼전차들이 마을의 석조가옥에 몸을 숨긴 기갑척탄병들에게 포화를 퍼부었으나, 정오가 가까워지면서 전세가 불리해진 미군은 철수할 수밖에 없었다. 전투는 장장 9시간에 걸쳐 진행되었고, 결국 클라크의 B전투단은 제7기갑사단 본대와의 연결이 끊어지면서 고립되고 말았다. 제62국민척탄병사단 역시 제9기갑사단 B전투단을 밀어붙이는 데 성공하여 생비트 포켓은 더욱 압축되었다.

그날, 이 지역의 미군 지휘체계에 대한 조정작업이 이루어졌다. 미 제7기갑사단은 이제 제18공수군단사령부(XVIII Airborne Command)의 지휘하에 들어갔고, 북쪽에 배치된 미 제1군 부대들은 영국 제21집단군과 버나드 몽고메리 원수의 지휘를 받게 되었다.

전투가 벌어지는 동안 제7기갑사단장인 로버트 하스브룩(Robert Hasbrouck) 소장이 클라크를 방문했다. 하스브룩은 제18공수군단장인 매튜 리지웨이(Matthew Ridgway) 소장이 이 지역과 관련하여 새롭게 입안한 계획을 가지고 왔다. 포위된 상황에서 리지웨이는 제7기갑사단이 몇 개의 '요새화된 방어거점'을 구축하여 공중보급을 받아가며 현 위치를 고수할 것을 제안했다. 그러나 클라크는 이 계획이 방어계획이라기보다는 '커스터 장군의 마지막 저항'처럼 보인다고 말하며 작전개념 자체에 대해 우려를 표시했다. 이들은 이 계획이 리지웨이의 '공수부대식 사고방식'을 반영한 것이라 여겼다. 리지웨이에게는 기갑부대의 지휘 경험이 전무한데다, 현재 돌출부에 고립되어 있는 미군 부대가 처해 있는 상황의 심각성을 그가 잘 이해하지 못하고 있다고 본 것이다. 리지웨이의 계획은 클라크가 생비트에서 계속 버티다가 나중에 미군의 반격이 시작되면 제82공정사단과 함께 전진해 나아가자는 것이었다.

마침 하스브룩의 지휘소에 있던 한 영국군 연락장교가 미군 지휘관들 사이에 의견이 갈리고 있는 분위기를 눈치채고 이를 몽고메리에게 알렸다. 몽고메리는 제7기갑사단을 방문하여 자신의 존재감을 미군 지휘관들 사이에 심어준 후, 다시 리지웨이의 사령부를 찾아갔다. 미 제1군사령부

에서 하지스와 격론을 벌인 몽고메리는 리지웨이의 비현실적인 계획을 거부하고 제7기갑사단장 로버트 하스브룩에게 "자네는 임무를 훌륭히 완수했네. 이제 철수하게"라는 통지를 보냈다.

제82공정사단은 생비트 돌출부 내의 미군부대들의 탈출로를 확보하기 위해 필살름 방면으로 공격해나갔다.

12월 22일 저녁 무렵, 제7기갑사단 B전투단은 힌더하우젠(Hinderhausen)에서 노이브룩(Neubruck) 마을에 이르는 능선을 따라 1킬로미터 정도 밀려난 상태였고, 제9기갑사단 B전투단은 남쪽으로부터 밀려나고 있었다. 이 시점에서 제82공정사단은 필살름 인근에서 살름 강 서쪽 제방을 확보하고 있었지만, 독일 제6기갑군이 강하게 압박해오면서 이 지역을 지키는 것은 점점 더 어려워지고 있었다.

원래 미군은 제9기갑사단 B전투단부터 철수시킨다는 계획이었지만,

이 부대는 제62국민척탄병사단과 치열한 교전을 벌이느라 빠져나올 수가 없었다. 게다가 진흙으로 엉망이 된 도로사정 때문에 계획 자체의 실행이 불가능한 상황이었다. 호지 준장은 도로가 거대한 진흙탕이 되어 차량통행이 불가능했으므로 "모든 차량을 포기하고 도보로 탈출해야 하는 것은 아닌가"하고 깊은 우려를 표시했다. 하스브룩은 클라크와 호지에게 "만약 지금 당장 제82공정사단과 연결해서 철수하지 않으면 영영 빠져나오지 못할 걸세"라는 내용의 무전을 보냈다.

철수시간은 12월 23일 오전 06:00시로 재조정되었다. 클라크는 후방에 있던 병사들에게 "발받침이 될 수 있도록 소나무 가지를 꺾어 진흙탕이 된 도로에 깔라"고 지시했다. 그러나 다행히도 22일 밤에서 23일 새벽 사이에 기온이 급강하하여 돌출부로부터 나가는 도로를 돌덩이처럼 굳혀놓았다. 철수하는 미군의 뒤를 독일군이 바짝 추격했으나 철수작전은 성공적으로 실행되었다.

오전에 벌어진 전투에서 2대의 총통경호여단 전차와 몇 대의 미군전차들이 파괴되었다. 생비트를 방어하면서 미군은 3,400명의 사상자를 내고 59대의 M4셔먼전차와 29대의 M5A1경전차, 25대의 장갑차가 파괴되는 피해를 입었다.

| 전투의 영향 |

생비트 돌출부를 미군이 6일 동안이나 성공적으로 방어한 것은 독일군의 작전에 몇 가지 중대한 영향을 미쳤다. 먼저 생비트를 공격하느라 다른 임무에 투입될 예정이었던 제5기갑군 예하 부대들, 특히 총통경호여단의 발이 묶였다. 제6기갑군의 주 진격로상에 위치한 생비트 점령이 지연되면서 이는 제2친위기갑군단의 전장투입을 심각하게 지연시켰고, 동 군단은 공세가 개시되고 1주일이 지나서야 전투에 투입될 수 있었다.

전후 만토이펠은 클라크에게 "생비트 주변에서 귀하가 펼친 훌륭하고도 성공적인 지연전은 내가 지휘한 제5기갑군뿐만 아니라 제6친위기갑군의 진격에도 결정적인 영향을 미쳤소. 그런 점에서 생비트의 전투는 제5, 제6기갑군, 더 나아가 독일군 공세 전체에 가장 큰 영향을 미친 전투였소. 결과적으로 생비트가 함락되기는 했지만, 그 과정에서 남쪽에 있던 독일 제58기갑군단의 예기가 꺾였으며 이는 남부의 제47기갑군단에게도 영향을 미쳤소"라고 말했다.

생비트의 방어전은 다른 구역에도 영향을 미쳐, 독일 제6기갑군이 당시 라글레즈 마을에서 포위되어 있던 파이퍼전투단을 우회로를 통해 구출하려던 작전을 아예 불가능하게 만들었다.

1944년 12월 23일에도 벌지 전투는 한창 진행중이었지만, 히틀러의 계획은 이미 완전히 실패로 돌아간 상황이었다. 크린켈트-로쉐라트와 돔 뷔트겐바흐에서 제12친위기갑사단이 패퇴하는 한편 제1친위기갑사단의 선봉인 파이퍼 부대가 라글레즈에서 격파당하자, 한창 리에주로 진격해가던 주공 제6기갑군은 완전히 정지되었다.

12월 23일, 생비트 주변의 도로교차로가 개통되면서 그동안 전투에 투입되지 못했던 독일군 기갑부대가 뫼즈 강 방면으로 마침내 달려나갈 수 있게 되었지만, 이미 너무나 늦어버린 상황이었기에 그들은 강 근처에도 못 가보고 진격을 저지당했다. 독일 제2기갑사단이 디낭 부근에서 뫼즈 강에 도달하기는 했지만, 이 부대 역시 그 자리에서 연료부족으로 주저앉고 말았다.

　이 무렵에는 이미 영국군 기갑부대들이 뫼즈 강 서안의 제방에 자리를 잡은 상태였으며 해당 지역에는 이렇다할 전략적 목표도 없었다. 제2친위 기갑군단도 서방으로의 진격을 시작했지만, 곧 팔팔한 미군의 증원병력에 진격로가 막히고 말았다. 이후로도 며칠 동안 전 전선에 걸쳐 치열한 전투가 이어졌지만, 크리스마스 무렵 독일군의 공세는 전략적 목표의 근처에도 못 간 지점에서 힘이 다하고 말았다.

　생비트 방어전으로 인해 발생한 독일군의 지연은 제12집단군에게 제2, 3기갑사단을 포함한 추가적인 부대를 아르덴 방면으로 이동시킬 시간을 벌어주었다. 이 증원부대들은 크리스마스를 전후해 벌어진 일련의 치열한 전투에서 독일군 기갑부대의 진격을 틀어막았다.

　12월 26일, 만토이펠의 제5기갑군 선봉부대들은 퇴각을 시작했다. 또 이 무렵 패튼의 제3군 선봉인 제4기갑사단은 바스토뉴 외곽까지 진격했으며, 이 중요한 도로교차점이 위치한 도시의 포위도 곧 풀리게 되었다.

오늘날의 전장

벌지 전투로 인해 파괴되었던 아르덴 인근의 소읍들은 전후 재건되었다. 그러나 이런 시골의 작은 동네들은 오랜 세월이 흘러도 별다른 변화를 겪지 않았다. 도로사정은 1944년보다 훨씬 좋아졌지만, 특징적인 지형은 오늘날에도 거의 똑같이 남아 있다. 삼림지대 일부는 거의 변하지 않았고, 오늘날에도 벌지 전투 당시의 참호와 진지들이 여전히 남아 있다.

이 지역에서는 미로처럼 뒤엉킨 작은 소로들 틈에서 길을 잃기 쉬우므로 좋은 지도가 필수적이다. 란체라트에서 라글레즈로 가는 데는 겨우 몇 시간밖에 걸리지 않지만, 동시에 파이퍼전투단이 뫼즈 강으로 가는 데 왜 그렇게 어려움을 겪었는지를 잘 알 수 있다.

아르덴 인근에는 벌지 전투를 기념하는 많은 조형물들이 흩어져 있으며, 그 중에서도 특히 주목할 만한 것이 바우그네즈(Baugnez) 교차로의 <말메디 학살 기념관>이다. 그리고 많은 박물관들도 여행자들의 호기심을 충족시켜주고 있다. 라글레즈 마을의 교회 근처에 위치한 <1944년 12

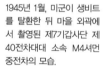

1945년 1월, 미군이 생비트를 탈환한 뒤 마을 외곽에서 촬영된 제7기갑사단 제40전차대대 소속 M4셔먼 중전차의 모습.

월 역사 박물관>은 이 지역 최고의 박물관 중 하나로서 훌륭한 전시품들과 사진들을 보유하고 있다. 무엇보다 이 박물관은 파이퍼전투단이 마지막 저항을 벌였던 전장 한가운데 위치하고 있다.

이보다 더 흥미로운 박물관은 저 유명한 독일군의 아르덴 작전 사진이 촬영된 곳에 위치한 <재클린과 롭 드 로이터(Jacqueline and Rob de Ruyter)의 '아르덴-포토 44콜렉션(Ardennen-Poteau 44 Collection)' >이다. 이 박물관은 당시의 여러 전투차량들을 전시하고 있으며, 관광객들에게는 아버지뻘인 독일군의 SdKfz251 D형(Ausf. D)과 비슷한 모양으로 개조된 OT-810 반궤도장갑차를 타고 당시의 전장을 돌아볼 수 있는 프로그램을 제공하고 있다.

| 참고 문헌 |

William Cavanagh, *Krikelt-Rocherath: The Battle for the Twin Villages*, Christoher Publishing, 1986.

Hugh M. Cole, *The Ardennes: Battle of the Bulge*, OCMH, 1965.

J. C. Doherty, *The Shock of War,* Vert Milton, 1997.

Ernest Dupuy, *St. Vith, Lion in the Way*, Infantry Journal, 1949.

Charles Macdonald, *Company Commander*, Burford Books, 1947, 1999.

Hubert Meyer, *The History of the 12. SS-Panzerdivision Hiltlerjugend*, Federrowicz, 1994.

George Neill, *Infantry Soldier: Holding the Line at the Battle of the Bulge*, University of Oklahoma, 1999.

Jean Paul Pallud, *Battle of the Bulge: Then and Now*, After the Battle, 1984.

Danny Parker, *To Win the Winter Sky*, Combined Publishing, 1994.

Michael Reynolds, *Men of Steel: I SS Panzer Corps*, Sarpendon, 1999.

Robert Rush, *Hell in the Hurtgen*, University of Kansas, 2001.

Stephen Rusiecki, *The key to the Bulge: The Battle for Losheimergraben*, Praeger, 1996.

A. Vannoy and J. Karamales, *Against the panzer : US Infantry vs. German Tanks 1944-45*, McFarland, 1996.

Hans Wijers, *The Battle of the Bulge: The Losheim Gap-Doorway to the Meuse*, B rummen, 2001.

프랑스 1940

제2차 세계대전 최초의 대규모 전격전

앨런 셰퍼드 지음 | 김홍래 옮김 | 한국국방안보포럼 감수 | 값 18,000원

1940년, 독일의 승리는 세계를 놀라게 했다. 유럽의 강대국이자 세계에서 가장 거대한 군대를 보유하고 있던 프랑스는 불과 7주 만에 독일군에게 붕괴되었다. 독일군이 승리할 수 있었던 비결은 무기와 전술을 세심하게 개혁하여 '전격전'이라는 전술을 편 데 있었다. 이 책은 프랑스 전투의 배경과 연합군과 독일군의 부대, 지휘관, 전술과 조직, 그리고 장비를 살펴보고, 프랑스 전투의 중요한 순간순간을 일종의 일일전투상황보고서식으로 자세하게 다루고 있다. 당시 상황을 생생하게 보여주는 기록사진과 전략상황도 및 입체지도를 함께 실어 이해를 돕고 있다.

쿠르스크 1943

동부전선의 일대 전환점이 된 제2차 세계대전 최대의 기갑전

마크 힐리 지음 | 이동훈 옮김 | 한국국방안보포럼 감수 | 값 18,000원

1943년 여름, 독일군은 쿠르스크 돌출부를 고립시키고 소련의 대군을 함정에 몰아넣어 이 전쟁에서 소련을 패배시킬 결전을 준비하고자 했다. 그러나 전투가 시작될 당시 소련군은 이 돌출부를 대규모 방어거점으로 바꾸어놓은 상태였다. 이어진 결전에서 소련군은 독일군의 금쪽같은 기갑부대를 소진시키고 마침내 전쟁의 주도권을 쥐었다. 그 후 시작된 소련군의 반격은 베를린의 폐허 위에서 끝을 맺었다.
히틀러와 소련 지도부의 전략적 판단, 노련한 독일 기갑군단, 그리고 독소전쟁 개전 이후 지속적으로 진화를 거듭해온 소련군의 역량이 수천 대의 전차와 함께 동시에 충돌하며 쿠르스크의 대평원에서 장엄한 스펙타클을 연출한다.

노르망디 1944

제2차 세계대전을 승리로 이끈 사상 최대의 연합군 상륙작전

스티븐 배시 지음 | 김홍래 옮김 | 한국국방안보포럼 감수 | 값 18,000원

1944년 6월 6일 역사상 가장 규모가 큰 상륙작전이 북프랑스 노르망디 해안에서 펼쳐졌다. 연합군은 유럽 본토로 진격하기 위해 1944년 6월 6일 미국의 드와이트 D. 아이젠하워 장군의 총지휘 하에 육·해·공군 합동으로 북프랑스 노르망디 해안에 상륙작전을 감행한다. 이 작전으로 연합군이 프랑스 파리를 해방시키고 독일로 진격하기 위한 발판을 마련하게 된다. 이 책은 치밀한 계획에 따라 준비하고 수행한 노르망디 상륙작전의 배경과, 연합군과 독일군의 지휘관과 군대, 그리고 양측의 작전계획 등을 비교 설명하고, D-데이에 격렬하게 진행된 상륙작전 상황, 그리고 캉을 점령하기 위한 연합군의 분투와 여러 작전을 통해 독일군을 격파하면서 센 강에 도달하여, 결국에는 독일로부터 항복을 받아내는 극적인 장면들을 하나도 놓치지 않고 자세하게 다루고 있다.

토브룩 1941

사막의 여우 롬멜 신화의 서막

존 라티머 지음 | 짐 로리어 그림 | 김시완 옮김 | 한국국방안보포럼 감수 | 값 18,000원

이 책은 1941년 2월부터 6월까지 롬멜의 아프리카군단이 북아프리카의 시레나이카에서 전개한 공세적 기동작전과, 영연방군이 이에 대항하여 토브룩 항구로 후퇴하여 전개한 방어작전을 다루고 있다. 우리는 이를 통해 롬멜의 신화가 어떻게 시작되었는지를 보게 된다. 독일의 대전차군단과 토브룩 방어군이 엮어내는 사막의 대서사가 생생한 사진과 짐 로리어의 빼어난 삽화를 통해 펼쳐진다. '사막의 여우' 롬멜과 '저승사자' 모스헤드가 벌이는 치열한 두뇌게임은 손에 땀을 쥐게 하며 사막의 전설이 되어버린 슈투카 급강하폭격기와 88밀리미터 대공포의 기상천외한 활약도 인상적이다.

벌지 전투 1944 (2)

바스토뉴, 벌지 전투의 하이라이트

스티븐 J. 잴로거 지음 | 피터 데니스 · 하워드 제라드 그림 | 강민수 옮김 | 한국국방안보포럼 감수 | 값 18,000원

이 책은 1944년의 마지막 며칠 동안 뫼즈 강으로 진출하려는 독일군과 이를 저지하려는 미군 사이에서 벌어진 벌지 남부지역의 치열한 전투를 다루고 있다. 전투 과정에서 독일군은 미국의 2개 보병연대를 포위섬멸하는 대전과를 거두기도 했지만, 바스토뉴 공방전에서 미국의 가공할 물량전에 밀림으로써 마지막 예봉이 꺾이고 말았다. 벌지 전투의 하이라이트이자 TV드라마 〈밴드 오브 브라더스〉 등으로도 유명해진 바스토뉴 공방전이 사실에 입각하여 철저하고 생생하게 재현된다.

수많은 전투를 치러온 양측 백전노장들의 두뇌싸움과 논전은 실로 흥미진진하며 진격과 후퇴, 묘수와 실책, 행운과 불운 속에 갈리는 양측의 희비는 드라마보다도 더 극적이다.

지은이 스티븐 J. 잴로거(Steven J. Zaloga)
유니온 칼리지와 콜럼비아 대학에서 역사 학위를 받았으며 전쟁사와 전쟁 관련 기술에 대한 수십 권의 책을 저술했다. 현재 잴로거는 항공우주연구기업인 <틸 그룹(Teal Group Corp.)>의 고위분석가 겸 <방위연구소(Institute for Defense Analyses)>의 전략, 전력, 및 자원 분과의 비상근 연구원직을 맡고 있다.

그린이 하워드 제라드(Howard Gerrard)
월러시(Wallasey)예술학교에서 공부하였으며 지난 20여년 동안 프리랜서 디자이너와 일러스트레이터로 활동해왔다. 제라드는 영국 항공우주기업 연합회 상(Society of British Aerospace Companies Award)과 윌킨슨 소드 상(Wilkinson Sword Trophy)를 수상하였으며 오스프리 출판사의 캠페인시리즈 『69호: 나가시노 1575』, 『72호: 유틀란드(Jutland) 1916』 등에서 일러스트레이션을 담당한 바 있다. 현재 영국의 켄트(Kent)에 거주하며 활동하고 있다.

옮긴이 강민수
어려서부터 군사분야에 많은 관심을 가진 밀리터리 팬으로 서울대 미학과와 한국외국어대학교 통역번역대학원 한영과를 졸업했다. 현재 프리랜서 통·번역사로 활동하고 있으며 주요 번역작으로 『젊은 요리사를 위한 14가지 조언』이 있다.

감수자 유승식
연세대학교 경제학과와 동 대학원을 졸업했으며, 현재 공인회계사로 활동하고 있다. 전쟁 및 군사무기에 정통하여 『독일 공군의 에이스』, 『진주만 공격대』, 『21세기의 주력병기(상)』, 『미해군항모항공단』, 『M1A1 에이브람스 주력전차』 등을 저술했다. 또한 민간 군사 마니아를 대상으로 30권 이상의 서적을 발간했으며, 여러 월간지에 군사무기 관련 기사를 집필·번역했다.

KODEF 안보총서 97

벌지 전투 1944 (1)

생비트, 히틀러의 마지막 도박

개정판 1쇄 인쇄 2018년 2월 1일
개정판 1쇄 발행 2018년 2월 8일

지은이 | 스티븐 J. 잴로거
그린이 | 하워드 제라드
옮긴이 | 강민수
펴낸이 | 김세영
펴낸곳 | 도서출판 플래닛미디어

주소 | 04035 서울시 마포구 월드컵로8길 40-9 3층
전화 | 02-3143-3366
팩스 | 02-3143-3360
등록 | 2005년 9월 12일 제 313-2005-000197호
이메일 | webmaster@planetmedia.co.kr

ISBN 979-11-87822-15-8 03390